最強健身教練養成聖經

百萬健身教練培訓講師
健身查德 著

各界專業人士推薦

擔任健身教練這個角色超過十三年，這一路走來花了大家無法想像的心力與時間還有金錢讓自己在體適能教練這條路上能夠生存，也在大家所謂的從錯誤中得到教訓，進而學習，不斷的失敗再站起來，讓自己不斷的從當個充滿熱情的好教練與自己的營收中找到平衡，其實說穿了，就是當你想要以教健身為人生的夢想與收入來源時，你要怎麼樣才能被人看到，你可以有源源不決的學生才能讓自己不被市場淘汰。

查德的這本書，可以說是想成為一名健身教練的必備《葵花寶典》，從夢想當一名健身教練的考證照入門方向，到最後如何讓自己在健身產業得以生存，這本書絕對是大家不可錯過、必讀的一本書，相信大家在讀了這本書後一定可以更順利的在健身教練這個產業獲得更大的價值。

——AK Online Studio 創辦人 Annie Kao

健身產業是一個炒短線的產業，在大家只想賺快錢時，查德哥靠自己的努力及奮鬥，在這條短線的產業，殺出一條長線的成功之路，讓我們的未來有路可走，有跡可循。

——世界健身房儲備主任 Brian（熱血暉）

當你決定成為健身教練的那一刻起，所有健身產業的挑戰也隨之而來。教練應該注重專業還是銷售，追求理想還是先求溫飽？自我成長還是客戶經營優先？個人品牌建立，還是選對公司重要？這些所有教練都關心，也必須面對的課題，查德一次帶你走過，一起從「擁有專業」的教練，成為一位「專業教練」！

——Akrofitness 前勁體能創辦人 Kevin

查德把自己對健身產業的經歷與觀察，用淺顯易懂、帶點幽默的方式與後輩們分享，想當教練？想開健身房？你真的有搞懂健身產業的模式嗎？每每看到查德的圖文分享，看到的不只是故事、不只是經驗，更是他本人對此產業的熱誠，並且用堅持不懈的精神走出一條路，帶給我們一盞明燈。

——資深私人教練 Nina

在人來人往的健身產業裡，每個人都有自己的生存法則，也許是會教、也許是會賣，亦或者是有良好的售後服務，這些都是個人的獨家秘方，但查德透過一篇篇的圖文，讓所有人都能理解內容，可謂創造先例，引領風潮。

——WBC拳擊大中華台灣區主任委員 Young

與查德結識是因為參加相同的個人成長工作坊。他從一個很認真用力做事的健身業高端主管，變成一個會做人、理解人的全方位專業講師。我覺得最棒的是，他懂得適時用柔軟但讓同溫層絲毫不覺尷尬刻意的語言，生動地傳授如何在看似剛硬的產業，建立人性化的個人品牌。相信各位讀者也可以在他不藏私的歷程中，找到屬於自己不可取代的價值。

——沐風牙醫 呂智皓 牙醫師

記得第一次應徵當教練時，就是查德面試的，當時他剛當上實習副理，就這樣認識他，一路上看他從副理做到大型健身房經理，又到多家健身房當區經理，現在又是培訓課程的講師，對於這個產業的投入及貢獻良多，而且從過去到現在都秉持著「終身學習」的態度，非常值得剛進這個產業的新鮮人學習！因為我也就是這樣被影響的——「莫忘初衷」。

——物理治療生兼運動按摩師　胖虎

查德上過我的斜槓進階班，也學過我的自媒體寫作策略，他不多話，但是一說話就讓人眼睛一亮，不僅有重點，也很有亮點，所以被推舉為班長。在群組中，他會上傳他做各種學習的精華筆記，通常形式是一張圖，都很有哏，同學無不尖叫連連！而他交的文章作業，那更是好到我懷疑他為什麼來上寫作課。

透過他寫的內容，我慢慢了解他的成長、思想與這些年奮鬥的過程，我不得不說，他完全具備成功者的特質，包括勤學不斷、勇於嘗試，我想得到台灣人愛用的社群平台他都有經營，並且深入到能說出成功心法。再來，他非常努力，就是那種你在企業家傳記中會看到的，這才是我最讚嘆的地方。

更重要的是，他不放棄人生，該有的他都要有，像是現在年輕人不敢結婚，他在月薪兩萬多時就敢追女朋友，還結婚！新冠疫情期間，健身教練經營不易的時刻，連生兩個孩子。我欣賞這樣的年輕人，敢夢想、敢拼搏、敢過自己想過的人生！查德，未來絕對是個咖！最棒的還是他的家庭幸福美滿。

——職場作家、職涯導師　洪雪珍

記得第一次上查德的私人教練銷售培訓課程，我的想法完全被顛覆了。

我們都知道教練要專業知識具備，以及流利的溝通能力，才能展現個人魅力，但是我們卻忘了我們也是服務業，卻沒有教我們怎麼銷售自己，甚至是包裝自己，使自己成為一個獨特的商品，又或者是成立自己個人的品牌形象。

但在這裡，查德可以滿足所有你想知道的事情。有關健身產業的點點滴滴，查德用他十幾年來嘔心瀝血寫出來的觀點和看法，絕對是各位教練或是正想要進入健身產業的教練，每人必有的光明燈。

本書是一本可以打開你對於健身產業視野的工具書，當你需要的時候，答案就在裡面，值得你擁有。

——台東資深自由教練　陳律慈 Ben

跟查德合作多次的經驗是非常愉快的，他的學習能力非常好，轉化成教學模式，簡單易懂，個性上與人和善，教學用心，且不論是拳擊或是體能的課程他都得心應手，相信他的經驗一定能讓有需要的人收穫良多。

——CTBJJ-Taiwan 卡洛斯豐田巴西柔術&綜合格鬥道場體能訓練師　孫源宏

在健身產業打滾多年，深知肯分享經驗甚至手把手帶領是多麼難得的事，不論是教練、主管、講師、業界老闆乃至於會員都可以在此書中了解產業結構，避免跌跌撞撞，仔細讀幾遍下來真的獲益良多

——自由教練暨社大講師　陳韜仁

我本來以為這是一本給健身教練的書，但看完後卻發現我錯了。你希望專業被

對方看見嗎？銷售與人情如何拿捏？個人品牌與組織工作有哪些不同修練？你的生涯該設定哪些目標？

看完就明白，查德談的不只是健身，更是人生。

——溝通表達培訓師　張忘形

在友人的介紹下認識查德，在幾次的交流後，我對查德的評價是：內外一致。過去有深厚的拳擊選手經驗所以培訓拳擊師資，過去經過數間公司主管歷練，而教學自我品牌建立，同時又致力於提升教學技巧，將豐富的底蘊有效傳遞出價值，令我敬佩萬分！

——物理治療師　張晏傑

體育人的個性直爽，跟查德書中的文字一樣，看了讓人暢快，搔到癢處，深入人心的問句一個扣著一個，讓人會停下反思。查德將自己在健身產業的親身經驗與個人品牌觀念無私分享，跟我在臺體大教授的「健身產業個人行銷與管理」課程內容不謀而合，這本書一定要成為每一位有志成為健身教練的人必讀的實務教科書。

——中華民國運動員生涯規劃發展協會理事長　曾荃鈺

上完查德的教練生涯規劃與銷售培訓課後，我體認到有專業的服務，同時也要同理客戶，不該因教練的知識經驗自視甚高，要以客戶需求與目標為優先。

查德的課程內容有自身經驗內化，也有同學間交互討論競爭。教練本來就是服務業也是教育者，但沒有先成交，怎麼有機會服務客戶呢？因此我推薦每位教練給自己一次機會，查德的培訓課，以及這本他精心撰寫的書，你絕對不要錯過了！

——連鎖私人教練會館店經理　黃譯賢

查德，一位擁有十年以上資歷的健身教練，總是充滿精神活力年輕有朝氣，健身的好處在查德身上盡顯無遺。

因緣際會之下，查德被迫出走離開健身房的工作，雖然迷惘跟困難，但憑他的努力跟不放棄，還是走出了自己的一條路，跨出健身教練只會教課的限制鴻溝，用他的豐富教課資歷加上行銷管理的經驗，成了教練們的教練，也成了健身教練們的生涯管理導師。

一切經歷都有它的意義，身體的鍛鍊會幫助你的身體長出肌肉，心智的鍛鍊則為你的內在帶來前進的力量。

現在的查德不只自己努力前進著，還帶著一群教練一同向前，用他自己的親身經歷告訴我們他是如何鍛鍊自己身心的呢？

一起來看看健身教練查德的人生鍛鍊課吧！

——護理師　楊舒萍

個人健身教練在美國被譽為二〇一四至二〇二四年成長最快的職業（美國勞動部，二〇一六），但同時流失率卻又高達百分之八十（Club Industry，二〇一九）時，此現象在全世界發生，而台灣也不例外。

台灣健身產業在二〇〇〇年「加州健身中心」登陸後，這份職業有了全新定義與做法，二十幾年來消費者對教練教學的需求也開始轉向，人們需要也想要更全方位的體適能指導，「肌肉棒子」與「冠軍選手」已經不是客戶續約保證。

作者查德以專業為基礎，銷售為起頭，服務為過程，短短幾年在數家知名健身企業帶領團隊屢創佳績，這在競爭激烈的健身產業實屬不易。

此書很適合下列三種人：

1. 考慮成為健身教練？此書可提供方向並建立執業計畫
2. 已擔任教練一至五年者。此書可讓你修正做法且提升收入
3. 已擔任教練五年以上。此書可讓你觀點多元且寬廣

此聖經應該成為考取健身教練國際主證照時，一同服用的事業特效藥。

——領導力教練、宇峰教育機構總經理、國立體育大學兼任講師　鄭乃文

俗話常說「頭腦簡單，四肢發達。」若要說這句話有反例，查德一定是其中之一！

與查德的認識是在一堂教授上台技巧的課堂上，我聽到他的職業時，內心立刻浮現一個疑惑，拳擊教練為何需要來上課？

進一步與他合作熟識後，我才知道，任何人，不論家庭背景、學歷高低還有存款多寡等，只要有心，都可以走出自己特別的一條路！

在這本書內，查德將用過往如雲霄飛車般波折的經歷，與您分享如何不屈不撓

堅定地在人生這座金山裡開鑿出自我品牌的黃金！

——藥師　劉珈妙

我在教練生涯最迷茫的時候，偶然去報名查德的拳擊培訓並認識了查德，從他這裡學習到了很多知識，也找到了第二個喜歡的運動項目：拳擊。

於是開始了我的拳擊之旅，過程難免磕磕碰碰，所以時常去詢問查德哥相關的知識，重點來了，查德哥總會不厭其煩回答我所有的問題。

其實這位前輩正在身先士卒的告訴我們這些年輕的教練，你不管是在賣商品、還是賣課程，都請不要忘記過程中的服務以及售後的服務，即便你的商品再好，或者說你是多專業的教練，「態度」都決定了一切！

我覺得出來工作能遇到一個願意幫你解決問題的人，是非常難能可貴的。感謝前輩的指點，大家一起努力成為「態度」大師吧！

——奧美伽24H智能健身會館 私人教練 Lance 賴承佑

很佩服查德，在他身上，人生的各種阻力都被扭轉成強大的助力，也許這是一個拳擊運動員所具備的特質：能吸取痛點，累積成為自己的養分。除了專業知識，查德持續鑽研銷售與教學，才得以化危機為轉機，讓人生更上一層樓！

——知名減重醫師　蕭捷健

我在兩岸超過十一萬名學員，查德不是普通人，課後因好奇心驅使來問的問題類型，千奇百怪，我幾乎來者不拒，看完本書後我發現三個原因：

1. 他想幫自己與學生，增添聊天時話題
2. 他想旁徵博引、引經據典的論述專業
3. 他的自我成長與期待，超越大多學員

每個行業都有經典書籍，在健身教練領域，正是這本。

——企業講師、職場作家、主持人　謝文憲

在健康產業十年以來，從沒遇過一位教練上至健身房管理，下至與學員的應對，都能有條有理的分析並解惑，能如此一針見血、到位的分享，只有一個原因，一切都是他的親身經歷。

——GNC信義遠百店店長　簡建銘

健身產業蓬勃發展、百家爭鳴的今天，經由查德宣揚教練生涯正確、必備的專業、銷售、溝通等技巧，能讓大家在教練職涯中，更了解自己、精進自己、推銷自己，且因去蕪存菁而不再盲目。

查德的書，對不論是資深教練或是剛入職場的實習教練來說，都是一本指引正確道路的聖典。

——萊沛斯運動生活館創辦人　羅靖宇

我沒上過查德的健身課，但我看過查德拚命的身影。最初認識查德，是因為他來上我的爆文寫作課，而且真的天天寫作：寫他的教練之路、品牌經營、商業模式、勵志故事！他曾是我的學生，但現在我向他拜師學藝，因為《最強健身教練養成聖經》不只教你成為教練，也教你如何經營人生！

——暢銷作家、爆文教練　歐陽立中

〈作者序〉一切的起源

二〇一〇年十二月，我辭掉了第一份工作——幼兒體適能教練，並從我的保單裡借了三十萬出來，當作我參加全運會散打的備賽基金。

準備了半年，我對自己的技術和力量非常有信心，一直覺得可以一路過關斬將。但事實是，第一場比賽也是我的最後一場比賽——我遇上的正是那一屆的冠軍，非常擅長摔技，整場比賽我有一半時間都被摔倒在地上，旁人還以為我是來睡覺的呢。

借了三十萬，準備了半年，結果輸了，而且輸得徹底。那時流行一句話：「有夢最美，希望相隨。」但輸了比賽的我，卻只感到「有夢無用，絕望相隨」。

不作夢之後，未來何去何從？

一路走來，我最熱中學習的就是健身運動，但即便熱愛，卻很猶豫要不要加入健身教練這一行。

不只母親的觀念是「當健身教練沒有前途」，上網研究健身教練的生態後我也發現，最讓人嚇到吃手手的結論大多是：「健身教練這一行看的是業績，吃的是青春飯，只要人老了，就沒有人會找你當教練了。」

理想看來不豐滿，現實卻很骨感：我借來的三十萬，當時已花到只剩八千元了；也就是說，我根本沒有選擇的本錢。

「先投履歷看看再說吧！」我心想。

花了大半天寫好履歷，投遞了十間健身房，只有兩家健身房給了我回應：一家是大型的連鎖健身房，另一家是台北知名飯店的附設健身中心。

源於對「健身教練要做業績」的恐懼，我毫不考慮地選擇了飯店的健身房。十二年後回想當年，如果沒有選擇去飯店業，我就不會遇到在我人生迷惘時不斷指點我的貴人陳先生，也不會有機會遇到現在的老婆。

就現代的觀點來看，飯店業的健身教練雖然少了業績壓力，但多的是做不完的清潔工作，美其名曰「健身教練」，實際上更像「健身房管理員」。

不過，那段日子的工作磨去了我曾經在小比賽中奪過金牌的傲氣，整整一年的

「管理員」歷練，更讓我學會重視清潔、與現場會員聊天溝通的基本功。

這些基本功看似不起眼，卻讓我在未來的十年能在健身產業裡和關公一樣過五關斬六將，成為真正專業的健身教練。

你也很想當個健身教練嗎？請和我一起重返健身房的現場，讓我一步步帶領你突破大多數教練都會遇到的難關！

最強健身教練養成聖經

Contents

目錄

第二篇 練出超強的教練心態與進階實用技能

第三篇 教練的自我管理

第四篇 健身教練的個人品牌經營技巧

第六篇 健身教練該知道的商業模式

第七篇 做好教練生涯規劃，未來沒煩惱

第一篇

新手健身教練該知道的事

1-1 有證照，只是你的一小步

如果你還沒考到證照的話，下頁表格這幾張證照都很不錯，可以參考。

二〇一三年，我剛考完我的第一張國際體適能證照（FISAF），這張證照一次通過的機會很低，而且考試的過程讓我感覺難度不下大學聯考，所以考完當下我感到眼裡有光、心中有火，渾身發散正能量。

然後，我的正能量在第一次幫會員服務時就被打到魂飛魄散。

才做幾個動作就要收這麼多錢？

我的第一位體驗課學員叫大A，當訓練完、正要規劃課程時，大A突然打斷了我說：「教練！你們一堂課多少錢啊？」

我笑了笑回說：「我們一堂課是兩千元，如果買十堂課，一堂就只要一千五百

推薦報考執照列表

證照名稱	價位	證照發證單位
AFAA PFT	3 萬左右	AFAA 美國運動體適能協會
ACE CPT	3～8 萬	ACE 美國運動委員會
FISAF	3.5 萬	FISAF 國際體育有氧體適能聯盟
NASM CPT	3.5 萬左右	NASM 美國國家運動醫學學會
NSCA CPT	3.8 萬	NSCA 美國肌力與體能訓練協會
RTS	2 萬左右	RTS 抗阻力訓練專家國際認證

元……」

話還沒講完，大A便皺著眉頭打斷我：「蛤！你們教練一個小時才做幾個動作就要收這麼多錢？我……我要回去想一下，看我有沒有這需求！」

大A的反應讓我不知所措，只好順著他的話說：「沒有關係，你回去考慮一下，有需要再跟我說。」就這樣結束了第一次的體驗課程教學。

這件事對我的衝擊很大，證照單位教我們，訓練人體時要注意哪些角度，才不會造成對方受傷，但是證照老師卻沒告訴我們，如果學員很挑剔，教練應該怎麼應對。

我決定從頭學起，不但買了各式各樣的業務書籍惡補，遇到客人提出難以回答的問題，就向學長學姊請教，慢慢地才在適者生存的健身房殺出了一條血路，業績也漸漸變好了，找回那個剛考完證照，眼裡有光、心中有火的自己。

這方面，如果你對教練工作有興趣，或者已是教練還想變得更強，我有兩點建議給你參考：

學會面對現實

「專業」是教練的核心基礎，所以定期加強專業是基礎需求，但專業能力再強，也無法做個「稱職」的教練。當你知道自己的弱項時，就要努力學習、補足弱項。

別忘了專業和商業可以兼具

「身為教練，談錢是不是太粗俗？」如果你這樣想，即使當上教練也很難賺到錢。

再好的律師也要有案子可接，再好的醫師也要有病人可以看，再強的健身專業，如果沒人欣賞，那就代表你還不夠「專業」。證明你專業最好的方式，就是對方願意付費，如果學員不願意付費找你當教練，就代表你沒有解決對方心中的某個問題。

別害怕談錢傷感情，不談錢更傷感情。

體驗課程的重要性

幾年前，同事小B緊張兮兮地跑來問我：「查德！等等主管叫我帶一堂體驗課程，一開始到底要做什麼啊？體驗課程又到底是怎麼回事？」

聽完我笑了一下說：「你先別緊張，體驗課程看起來是帶運動，但其實是一套流程，讓對方感受到你的專業和服務。而體驗課程最重要的，是讓對方想要跟你上課！」

小B聽完兩眼呆滯，我只好又說：「體驗課程大致分為開場、設定目標、動作分析、運動伸展、課程規劃和解決客戶的疑慮這幾個步驟，所以你等等需要做的，就是跟對方打招呼後，簡短介紹你自己，再幫他測量InBody（一種健身房常用來測量體脂肪和肌肉量的昂貴器材），接著根據測量出來的數據，從諮詢表找出他健身的目的，這樣清楚嗎？」

「原來如此，我還以為直接帶他運動就好了，沒想到還有這些重點，好險有先來問你。」小B拍著胸口說。

為了讓小B能一次搞懂，我繼續往下解釋：

「當然不能直接帶他運動。健身教練很像顧問，你得先知道他來健身房的目的——是要減肥、增加肌肉量，還是來排解孤單？你要針對需求安排你的體驗課程，才有機會讓他想要跟你訓練。難不成，你以為一堂體驗課程就能消滅脂肪、創造健康嗎？當然是要讓他持續運動，才有可能創造改變。」

開發你的潛在客戶

小B這才恍然大悟，笑著說：「我之前就很疑惑，一堂體驗課程到底要安排什麼，還準備了十幾種動作，但就如你說的，一堂體驗課程真的不能做到什麼，體驗課是讓學員了解自己的身體狀況，然後再藉由教練的教學，讓對方開始願意上教練課程，我這樣理解對嗎？」

「沒錯，就是這個意思！」我說，再問他：「那麼，你知道體驗課程要安排多久的時間嗎？」

「不知道耶，一個小時？」小B反問。

我說：「對體驗的學員來說是一小時，但是對教練來說，前面的諮詢時間大約要花五到十分鐘，中間的運動體驗約四十到四十五分鐘，體驗後再邀請對方回到諮詢桌，向他解釋未來的課程規劃和報價。當然，聽了報價對方可能會思考要不要購買，這時你得弄清楚他猶豫的是什麼；是價錢？是時間？還是他不夠信任你、害怕買了課程得不到預期的效果？釐清問題才能對症下藥。你覺得，這樣總共要花多久時間呢？」

小B：「嗯……這樣感覺一定會超過一小時，那是不是安排個七十五到九十分鐘比較恰當呢？」

我立刻答道：「沒錯！你要預留一些時間，才有機會表現自己。要是體驗課程安排到一半，後面又有下一位客人，你就會帶得很急，一方面沒辦法好好表現，一方面也給客人不好的體驗感。魯迅說過：『浪費自己時間是慢性自殺，浪費別人時間是謀財害命。』掌握好時間，也是教練工作的一環喔！」

1-2 第一份健身教練工作的抉擇

不像十年前，現在健身房教練工作的選擇很多，但是大致上就分為兩種：健身工作室和連鎖健身房。

新手教練在選擇工作環境時，心中的煩惱大多是：「在工作室當教練比較好呢？還是連鎖健身房呢？連鎖健身房聽說壓力很大，而且我現在只有一張國際證照，這樣我的專業度夠嗎？」

如果選擇工作室，你需要面對「客戶開發」的挑戰

害怕銷售的新手教練會想選擇工作室。沒錯，在健身房工作需要業績，所以教練在館內必須做大量的巡場以尋找潛在客戶，或有空就打電話開發、邀約教練課體驗。到工作室當教練確實可以避免銷售壓力，但是……你在工作室裡要面對的又是

什麼呢？

難道你以為客人會自己走進來找你買課嗎？當然不可能。所以，你的學員是從哪邊來的呢？

有很多方式，比如說「經營粉絲團來增加對潛在客戶的曝光」就是其中之一，「路上發傳單，請路人來參觀和留名單」也是，當然了，你也可以「敦親睦鄰，拜訪周圍商家做口碑行銷」。

是的，當你選擇在工作室當教練時，除了專業培養、行政工作、團體或一對一教學能力，你最大的挑戰就是「客戶開發」。比如說，萬一你選的工作室客人不多，老闆一個人就照顧得來，完全沒客人服務的你，自我訓練之外只能坐在櫃檯裡滑手機。

相信我，這樣的日子，你只會覺得自己很廢，一點都不有趣。你該怎麼辦？滑手機滑到你被請離開為止嗎？

總歸一句，比起連鎖健身房的高壓業績管理，工作室的教練還是要面對客戶開發的挑戰。當然，如果你對於找客戶和轉介紹很有一套，甚至已經累積好相當的人脈了，想去工作室就去。如果不行，就腳踏實地一點，從連鎖健身房開始吧！

去大公司跟教練們廝殺一番？

想當年查德也很怕業績壓力，所以我的第一份教練工作才會是從飯店的健身教練開始。

不過，雖然隔絕了業績壓力，在飯店工作卻深感不被當成教練尊重，每天的日常大多不是教課，而是拖地、擦器材、折毛巾這些雜事。

工作了將近一年時，我認識了一位會員陳先生，他是某外商銀行的總經理，更可以說是我人生的貴人。陳先生覺得我工作很認真，有一天就對我說：「做這種工作就像等死，不要浪費時間了，你應該去大公司跟那些教練廝殺一番。」

聽完後的下一個月我就離職了，但沒有如他建議的去大公司，而選擇到一間地區性的健身房，因為那時的我還是很排斥高業績導向的健身房。

很幸運地，我在那裡遇到一群台北護理學院畢業的學長姊，一年教學相長之後，我便把教練的專業磨練到可以在大公司裡贏過百分之九十五的教練。

我很喜歡那裡的環境，但是有一天公司突然改了教練的獎金制度，我原本的月收入瞬間少了兩萬左右，讓我有了「不如去大公司拚拚看」的念頭。

很幸運的，第一年的飯店健身房服務經驗加上一年小健身房扎實的專業訓練，進入大公司學會教練的銷售技巧（例如試著用好的提問方式問出體驗客人的需求）之後，第三個月起的收入就一路突破五萬、七萬，後來甚至高達十萬，往往不到當月五號就能完成公司設定的業績，提早準備下個月和下下個月的績效。

這其實不是因為查德是天才，而是由努力累積而來的成果。努力夠，所有的技能就如同神經傳導，最後，不同的技能還會結合為一，所以，只要你越努力，你就會越、幸、運！

有時，你也許會擔心未來的挑戰，壓力很大，但更多時候，你其實想像不到未來的你會變得有多強大。而且，即使失敗了你也不會後悔，因為你試過了。

不忘初衷，有一天你就會達成你的目標，但你必須要馬上行動，有句話說得很好「昨天太近，明天太遠，今天做剛剛好。」趕快開始吧！

1-3 健身教練一個月能賺多少錢？

在健身產業混了十二年，很多朋友都想知道：「當健身教練一個月能賺多少？能夠賺多久？」

先不管健身房、工作室或自由教練，以平均月收入而論，教練大致可以分為三種等級：前段班，月收入十到二十萬元；中段班，月收入五到九萬元；後段班，月收入五萬元以下。

光看收入，健身教練好像不錯賺，但背後付出的辛勞，其實比你想像中還多。其中最讓健身教練「天天難過天天過」的，是以下三件事。

工作時數長

以前段班的教練來看，每個月的上課時數肯定高於一百八十堂。不含事前準備，扣除休假的話，每天至少要花八到九小時幫學生上課。

如果時間安排得還算可以的話，一連上個三或四堂後，大約能休息個半小時到一小時，但這樣一來，一天在健身房的時間就會拉長到十一至十二個小時，套用一句名言：「我不是在健身房，就是在往健身房的路上。」。

想在這一行出人頭地，就別太在意勞基法應該給你哪些保障，做什麼事都要符合勞基法，就準備每個月都領基本薪資吧。

也有些朋友會羨慕我，因為在他們看來，健身房器材琳瑯滿目，還可以邊上班邊練身體，一舉兩得。但相信我，當你一天要待在健身房裡十小時以上，光是想像不斷輪迴的夜店音樂對你疲勞轟炸，你就不難明白，為什麼健身房的工作人員服務態度都不是很親切。每天體力透支，態度還能好到哪裡去？

學員放鴿子是常態

上課前，每位教練都得先聯絡學員，如果發現今天有學員臨時取消，為了避免那段時間乾等，就要馬上連絡另一位方便遞補的學員，才能維持既定的時數。

這些聯絡過程，不論是用通訊軟體或電話，都要花額外時間溝通——除非你的每一個學員都是天使，不然只要有一、兩個學員動不動就把時間改來改去，就會讓你苦不堪言。

學員開發

雖然每一天課堂都排得滿滿看似很好賺，但別忘了一件事情：大部分健身房教練上課的獎金高低，是來自於當月的銷售業績。銷售業績高，通常也意味著更高的上課抽成。

也就是說，即使你這個月辛苦上了兩百堂課，要是業績沒有到達一定門檻，可能一堂課只能拿百分之十的課程單價，就算你爆肝拚命上課，因為「業績」不好，收入頂多四到五萬。

反過來說，如果當月上課數多、業績又好，月入八萬元以上不是難事。

這種業績綑綁上課獎金的制度，通常會製造出一種狀況：為了業績，你會想請學員提早購課。

最常見的是時間管理及資源分配不佳的教練，因為不想影響上課獎金，所以拜託學員提早續約；或者是，有機會銷售新學員課程時，為了業績考量而臨時與學生改約時間；又或者是，為了談新客人而讓原本在上課的舊學員等待。

不管是哪一種作法，都會影響學員對教練的觀感。但是，這代表業績綁定教練課的方式不好嗎？

必須說，制度本身沒有錯，只是執行時要多方面維持、協調，才能讓營利、服務、教練生涯達到一個平衡點。不管是商業或服務（太商業客人感受不好，服務過好人事成本高），如果太偏向其中一邊，都有可能讓一間店垮掉。

回到這篇的主軸——教練好賺嗎？

我的回答是：「好賺，但前提是你願意賺辛苦錢。」

你願意一天花十二到十四個小時工作後，還努力鍛鍊自己的身材嗎？你願意休假時閱讀各式各樣的書籍嗎？你願意過一段日子就花幾萬元去進修自己的專業嗎？

如果答案都是 Yes，那我恭喜你，因為你一定會成功。

1-4 新手健身教練的第一個煩惱

「如如」是個熱血教練，大學畢業沒多久便已考到四大證照中的兩張證照，憑著年輕、熱血的衝勁，在如願獲得了第一個健身教練的工作後，很想在大型連鎖健身房大展身手。

比用力教更重要的事

一開始，如如總覺得光憑自己的這兩張證照，學員會問的一定是專業問題，而且也都會照著她的指示去做。

然而，學生問他的問題卻大多非常的……「平易近人」。

阿婆A：「教練，我一週只能來一天，有機會一個月瘦八公斤嗎？」

阿姨B：「教練，這個動作好累唷，可不可以換個簡單的？」

宅男C：「教練，這個動作我已經看過網紅專家做了！可不可以教我一些別的？」

為什麼會員幾乎都只會問這一類的問題？難道他們都不知道自己的動作還很生硬，強度拉太高會受傷嗎？

有一天，她終於問了當時還是個小主管，但總能四兩撥千斤破解疑難雜症，而且三兩句就讓客戶滿意的我：

「查德，為什麼我看你帶運動跟講解都只是跟學員有說有笑，簡單幾句帶過，他們就買單了，而我花了一、兩小時很認真、仔細地講解每一個細節，但是最後他們都只對我說：『謝謝你，我會回去再考慮一下。』然後就沒再回來了，怎麼會這樣？」

「因為客人找我們訓練，代表他要的是成效，我們的工作則是讓他願意自己主動訓練。」我說。

如如似乎更困惑了：「你的意思難道是，讓他們願意訓練，比教練教的更重要嗎？」

且聽我一一道來：

- 除了調整好學員的動作，更重要的是引發學員對運動的興趣。只要他喜歡上健身，再忙也會排出時間自主練習；到時候，健身教練要他們一週上四堂、五堂教練課都沒有問題。
- 動作品質不好就先退階（減少訓練動作的難度，例如跪姿伏地挺身），用更簡單的方式訓練，讓學員做重量訓練時肌肉有痠的感覺，心肺訓練時有喘的感覺，循序漸進——訓練有感最重要。
- 用器材也好、用自由重量也好，有成效最重要。好的訓練動作模式，絕對不是一堂到兩堂教練課就有辦法完成的，要讓學員願意上第三、四、五……堂，前提是讓他對運動有信心、喜歡上運動。
- 當運動在他們心中變得比吃披薩、火鍋、看韓劇更重要時，你要怎麼提升學員的動作模式就都不會有問題了。

如如這才恍然大悟：「原來如此！我之前太過於在乎要學員做好深蹲、硬舉的動作，上到第十堂還在徒手深蹲，難怪學員做起來就懶懶的。也許我要用更簡單的方式讓他們覺得有效，既不會打擊信心，也更容易讓學員想繼續運動。你是這個意思吧？」

查德：「沒錯，我就是這個意思！」

給新手教練的小建議

最後，查德想再給你一個小建議：剛考完證照的新手教練，會很習慣開口閉口都是各個肌肉的專有名詞：胸大肌、活動度、ROM、肌肉起止點……，但對初學者來說，這些專有名詞其實難以消化，最好是把專業語言翻譯成容易消化的內容，才更能夠讓學員吸收教練的專業。

愛因斯坦（Albert Einstein）說過：「如果你沒辦法簡單說明，代表你了解得不夠透徹。」

所以從今天開始，練習將你的專業轉化為簡單易懂的內容吧！

1-5 新手教練的學習攻略

我相信，剛剛取得健身教練證照的你一定很煩惱：「市面上研習百百種，我該從哪一個開始呢？」

要從TRX（懸吊訓練）開始嗎？研習要一萬六，好貴唷！

聽說最近很流行筋膜刀，要跟風一下嗎？還是從拳擊或矯正訓練開始吧？

不論你想學什麼，查德有兩個方向供你參考：

一、找到自己終生想鍛鍊的技能「必殺技」

二、依照你工作的健身房屬性去學習

你找到自己的專業必殺技了沒？

國際體適能證照到手後，我認為接下來學習的方向，一定要是你會想鍛鍊一輩子的技能，簡稱為「必殺技」。

原因很簡單，如果你想學拳擊，總不能揮起拳來比隔壁阿姨還沒力；如果你想學運動按摩，總不能當一個不論怎麼按都按不到痛點的教練。

遺憾的是，再厲害的老師，也沒辦法讓你一天成為拳擊專家；再厲害的老師，也沒辦法讓你的深蹲負重在一天內從十公斤變成兩百公斤。所以，你必須先找到會讓你想練一輩子的技能，刻意練習，而且練到極致。

刻意練習，讓你能夠快速幫學員抓到訓練的重點。這很重要，因為大部分學員會想跟你學不是你講解得好，而是你能讓他在運動上感受到弱點及爽點。

什麼叫「感受弱點及爽點」？學員做訓練時，不只要讓他們會痠、會喘，更要讓他們只聽你一兩句話就能夠做到有點樣子，透過這樣讓他們感到成就感，就會對運動再也不冷感。要做到這一點，身為教練的你就要大量練習，才能深入理解訓練的奧義。

為了達成這效果，你要讓學員對於正確的運動姿勢有興趣，甚至想練得和教練一樣好。

看到這裡你可能會想：「學員會來找我，不就是想要練到很好嗎？」

但如果很不巧的，一位新手教練還不了解怎麼用簡單的方式表達他的專業時，他的指導口令，常常就會只是把證照培訓的動作直接套用在學員身上，比如：「等等做深蹲時，請你先做髖關節屈曲及膝關節屈曲。」

新手學員一定臉上三條線，心裡想：「你在說什麼火星話？」

你因此被學員洗臉，然後，就沒有然後了（因為學員不想跟火星人學健身）。

所以，拿到證照後的第一步，就是把那些會讓學員滿臉問號的專業術語翻譯成淺顯易懂的話，才容易拉近學員與你的距離。

找不到必殺技怎麼辦？

第二步，如果你找不到必殺技怎麼辦？別擔心，就依照你上班的需求，來選擇你的必殺技。

如果在大型健身房的話，多數教學的需求以私人教練課（PT）為主，再依照屬性去分配，這類健身房還可以分為「銷售型」和「上課型」。

「銷售型」健身房

「銷售型」的健身房常常會鼓勵會員在原本的課程還沒上完時，就加購其他的特殊課程（例如：TRX、拳擊、ViPR、壺鈴，運動按摩等），你的主管也會強烈要求你去上這類的研習，來幫健身房多接些案子。

關於這方面，我個人推薦至少先學會一種被動伸展、運動按摩的技巧，原因是台灣人也許會排斥肌力訓練，但很少排斥按摩。所以，先從按摩放鬆開始切入，對初期的教練事業經營會比較好上手。

之後再嘗試從拳擊、壺鈴或其他矯正型的動作切入，但一次只學一種。理由是，這些技能都是要花時間累積的，如果太快學完一個，又想馬上往下一個學，就會落入一個下場：懂了那麼多專業，卻做不好教練工作。如果學完後賣出課程卻不敢教學，豈不是得不償失？

「上課型」健身房

至於「上課型」的健身房，因為公司不傾向讓學員累積太多課程，所以在這類型的健身房裡工作時，你必須學習大量的現場開發、電話開發技巧，以增加自己可銷售的學員數量，我們稱之為「體驗課預約」（FA：Fitness Assessment）。

在這種健身房工作，就可以用文章開頭所說的，找到一個你想終生強化的必殺技，好好練習、學習，直到你這門必殺技在館內無人能與你匹敵。這樣一來，你不僅足以獲得同事的認同，主管分配體驗會員時，你就有可能先拿到對該技能有興趣的學員（有主管推你一把，你做這行就輕鬆百分之三十了）。

馬克吐溫說過：「人的一生最重要的日子有兩天，一天是你出生那天，一天是你『找到自己』的那一天。」

找到那個必殺技能，就是你人生最重要的、「找到自己」的那一天。

1-6 用教學展現自己的專業

很多人都說，「健身產業不尊重專業，只注重銷售，沒人在乎教練的教學技巧。」也許這是普遍的現象，但根據80／20法則，百分之八十的業績是來自百分之二十的客戶，要怎麼滿足這百分之二十的客戶呢？你需要有一套好的教學技巧，讓學員想一直跟你上課。

再好的話術，也比不上認真教學。但是，你知道該怎麼教好健身嗎？

沒有樂趣，運動很難持續

關於教學技巧，團課培訓有大量的指令技巧，但是，一對一教學並沒有系統化的教學架構。

我有一個朋友叫小A，剛報完證照培訓、學習了大量的專有名詞後，就自認是世界上最專業的教練，開口閉口都是專業名詞。問題是，和同業溝通當然可以多用專有名詞，但如果你都用專有名詞來跟健身菜鳥溝通，會出現什麼狀況呢？

肩胛骨、筋膜、腹壓、穩定度、活動度……等，對於平日沒在運動的人，全都有如聽數學教授講微積分，對你的教學、他的學習一點幫助也沒有。

沒錯，了解太多專業知識有時反而會讓專業教練受到知識的詛咒，不知道哪些重點要先講。

以小A為例，他在教仰臥推舉時，一個動作可以解釋十分鐘：「這個動作是訓練胸大肌、前三角肌……」，示範完動作又再講解十分鐘：「胸大肌的起止點是……」

一堂六十分鐘的教練課，專業教練小A就講解了將近三十分鐘。結果學員那一堂課從頭到尾只做了十下仰臥推舉，因為只要動作一稍微有錯，小A馬上打斷學員的動作：「你剛剛聳肩了，我們重新開始，再做一次。」

對於這種教學方式，我只有一個想法：「如果我每次做到一半都被打斷，一定會很想打教練。」

沒有樂趣，運動很難持續，要讓學員運動得有樂趣，教學是神推手！

三個值得你努力的教學方向

如果你也想擁有一流私人教練的教學技巧，建議你朝三個方向努力：

一、激勵

學員來找我們上課，除了想要有健身成果，更重要的一件事是「教練能不能讓我喜歡運動」。除非你能讓他愛上健身，不然學員不會持續來上你的課。

激勵能力差的教練，很容易碰上「突發」狀況：學員明明約了課，卻一遇上下雨或有點小事，就馬上更改時間；改約的時間到了，又給個理由再改……。

你認為這是學員的問題嗎？他們的真心話其實是：

「我真的很想減肥，但教練你教得很無聊，讓我覺得上課很無趣。」

「教練講的我幾乎全都聽不懂，每次上課都學得很痛苦。」

如何激勵學員才對？三點建議供你參考：

1. 教練要保持好情緒。
2. 溝通時要講學員聽得懂的話。
3. 即時發揮幽默感。

二、快速解決問題

講得多動得少是你在演講，不是一對一教學。

之所以要一對一教學，最重要的目的是「快速解決問題」。但是，有些健康問題卻要靠改變生活方式才能解決，例如想減少十公斤的脂肪，就要做心肺訓練、重量訓練，也要控制日常飲食、作息……。這時候要如何引導學員多方努力呢？

教練不但要有良好的溝通技巧和激勵能力，更要給學員「好的回饋」，例如「以鼓勵取代責罵」，先講他做得好的地方，再說可以做得更好的地方，取代「這裡你做錯了」、「又做錯了」、「不對，還是不對」……。

收到讚美時，學員的大腦會分泌多巴胺，讓他們產生愉悅的情緒，接受「建議」的機會就會更高。

三、即時修正

回到「快速解決問題」上。

一看到學員動作不對，教練就要馬上反應，讓學員立即修正動作。以仰臥推舉為例，假如學員推槓鈴時會聳肩，教練可以先示範正確動作再快速示範錯誤動作，最後請學員照正確的方式做，一次修正一個錯誤動作，而不是讓學員做完一整個動作再一次調整三、四個地方。

教練一次提供的資訊量過大，學員聽完只會更迷惘，反而不知道怎麼做。再以查德的專長「拳擊出拳教學」為例子，每一次出拳，從步伐、軀幹穩定、旋轉到手的位置，一次可以調整的動作就高達三十幾樣，光用說的很難修正，所以我都以正確動作示範取代口述教學。

最後還是要提醒一下，想要你的專業被學員認同嗎？教學就是那個神推手。

1-7 你是「好教練」嗎？

專業夠、對學員好，就是好教練了嗎？

我的朋友小B運動保健系畢業，是內向型的教練。小B一直看不順眼同事「業績王」小C，總覺得小C的教練資歷既淺，人比蠟筆小新還痞，做事看起來比大雄還散漫，業績卻是小B的兩到三倍。

有一天，小B服務了一個阿姨會員，教學時特別提醒阿姨：「姊，你做器材的時候要收緊腹部、肩胛骨要往後夾，膝關節要保持穩定。」

阿姨聽了卻只「嗯」一聲並一再說：「我自己來就好了，謝謝！」

一直講「專業」就叫專業嗎？

小B被打發後，只覺得「這個阿姨真沒禮貌，不識好歹」，但三天後，那個阿姨卻跟著小C上課了！這……小B簡直無法想像，忍不住問小C：「她怎麼會想跟你上課？」

小C說：「有一次，我看她一邊踩腳踏車一邊看電視，動作怪怪的，就過去幫她調整一下，聊了一會兒，提醒她有點駝背，『要不要幫你拉一下拉筋……』，然後她就主動說要買課，而且一口氣就買了三十六堂。」

「什麼！就這樣子？你沒有告訴她你的專業嗎？」小B訝異地問。

小C的回答是：「專業？講那些老人家哪聽得懂？」

小B這一聽，禁不住生起氣來：「我有我的方法，而且我相信我的作法才是對的，你這是在欺騙客人！」說完掉頭就走，到辦公室繼續向我抱怨：「我那麼認真教，客人不領情也就罷了，小C卻只講幾句不專業的話，那個阿姨就買單了！她真是有眼不識泰山！」

我問他：「所以你覺得你夠專業，客人就應該買單？」

小B說：「我不敢說一定要買我的單，但我教學認真，我的學員都很喜歡我，這不就是證明嗎？」

看著沮喪的小B，我坐下來跟他分享了兩個想法：

信任感

喜歡你的學員之所以會很喜歡你，前提是他已經信任你了，才能理解你的專業。假設對方跟我們不熟，他不知道、也沒太大興趣了解我們的專業程度。所以，「快速建立信任感」是面對陌生學員時的首要任務。

溝通頻率

溝通的時候，肢體語言佔百分之五十五，語調佔百分之三十八，內容只佔百分之七。這不代表內容不重要，而是在和學員還不熟的時候要先把前兩者做到位，避免錯誤的行為影響我們的內容傳達。

等到對方願意多聽你說時，專業內容就能發揮效果了，但是，分享內容的比喻最好是與對方的生活相關，才能增加對方的理解速度。

專業使你稱職，溝通使你傑出

有句話說得很好，「專業要建立在通俗的語言上」，加入健身房或許是學員改變的契機，但各行各業都有自己的專業，也有自己的工作要忙，很少人的主業是運動，所以我們的功課是訓練學員時能對症下藥，而不是急著灌輸訓練知識；提供大量知識，是等他們習慣健身以後的事情。

專業好，是教練的本職學能，卻不表示你就是個好教練，在學員理解的範圍內使用適合的語言，才能達到有效的溝通，也才能稱得上是個「好教練」。

1-8 一流與三流教練的差別

不久前不幸因意外過世的NBA籃球巨星柯比・布萊恩（Kobe Bryant）曾經說過：「我願意做任何能夠贏得比賽的事，即使只是坐在板凳上擰毛巾、遞茶水給隊員，或投出致勝一球。」

身為教練的你，又會用什麼心態看待教練工作呢？

現在要當健身教練其實非常容易，有C級證照就有工作機會，但當然不代表能做好、做滿、做到精。

健身教學沒有那麼簡單

我還在健身房工作時，有位業績很爛的教練動不動就向人抱怨：「公司很血汗，業績不好的人一堂課費只能抽百分之十，我們是廉價勞工。」

這裡姑且叫這位教練為「F哥」，因為我看了幾次他的教學，最「專業」的部分無非就是從一數到八，任何教學動作永遠只數到八。

除了從一數到八，F哥一看到學員做錯動作，除了罵學員笨，下課後還會與其他教練抱怨學員「聽不懂人話」。

某天晚上八點，F哥爽約了一個知名歌手的課，氣得當時的教練經理差一點就要跪下來道歉了，但F哥憑著「人不要臉天下無敵」的精神，強調自主訓練的好處，宣稱：「我不是爽約，是在嘗試『無人教練教學法』！」

我只能說，F哥的程度比三流還不入流。

健身教學哪有那麼簡單？不只要用嘴巴口述重點、講出關鍵發力點，更要用動作示範，讓會員看清楚整個動作的全貌；當學員動作不到位時，必須用適當的碰觸指引學員哪些部位該使力，哪些部位要放鬆。

有時純敘述動作很無聊，甚至可以用幽默比喻的方式來指引教學。比如教導學員「用力時吐氣，放鬆時吸氣」時，你可以提醒：「記得不要憋氣，憋氣會中風唷！」

一流教練都在做的事——記錄與學員的對話內容

除了教學外，學員的訓練紀錄也是創造學員滿意度的關鍵指標。九成的教練只會記錄動作、次數和重量，好一點的會記錄當下做動作的反應，比如「下蹲時膝蓋會晃」等等；更好的教練甚至搭配影片做紀錄，前後對照訓練進度。

但是，比起這些，我認為還有一件更重要的事：記錄對話、興趣、生活近況。為什麼呢？四個字——了解學員。

越是了解學員的興趣、交友圈，就越有增加轉介紹潛在客戶的機會。記錄學員的興趣可以不斷增加閒聊時的連結深度，讓你不會只停留在家常便飯的關心。我曾經有位學員王大哥很愛葡萄酒，但那時我對葡萄酒一竅不通，還特別買書來研究，增加了我們聊天的話題。

記錄近況則能延續對話、讓學員感覺得到你重視他，這個技巧在需要雙教練制度的健身房特別適用——交接時，除了教學技術上的共同傳遞，加入溝通狀況對於訓練的合作會有意想不到的效果。

然而，教學和學員紀錄是把教練工作做到頂峰的兩個小因子而已，一流教練還有許多事情要學習，例如：

1. 銷售讓學員認同你的專業
2. 培養能夠感同身受的同理心
3. 溝通時使用不只體貼、更能打造個人魅力的語言
4. 以恰當的肢體語言增加溝通的影響力

……等等

看到這裡，也許會有人抱怨說：「教練不就懂專業就好，幹嘛學那麼多？」說不定還有人會說：「會賣就好，幹嘛學那麼多？」

我想，這就是一流教練和三流教練的差別吧。

在日本，有種受推崇的精神叫「職人精神」，我相信，健身教練應該也要有「職人精神」——做了健身教練，就要做到完美極致，直到無可挑剔為止。

第二篇

練出超強的教練心態與進階實用技能

2-1 七個從小咖變大咖的技能

教練生涯中，除了專業外，有七大技能是一定要漸進精通的，可以說是教練工作的必修學分：

一、服務

良好的服務，是讓學員一直續約的關鍵。人的大腦有分「理性腦」和「感性腦」，服務的目的就是讓學員感覺美好，也就是滿足「感性腦」。只要滿足了感性腦，什麼都好說。

二、教學

好的教學不只能提升學員學習的意願，還能發揮教練的個人魅力。

有專業不代表會教，但沒專業肯定不會教。一對一教學的重點，就在互動、傾聽、詢問，你會發現，私人教練的教學很大比例都在溝通。你必須透過溝通找出學員真實的需求，因為很多學員其實不清楚他健身的目的，有些人健身是為了社交；有些人健身是想要挑戰自己；有些人單純只是健康檢查的時候紅字太多嚇到，才跑來健身房辦會籍……。

有時候，我們不一定能夠在一次諮詢或一次訓練後就找出學員的真實需求，但隨著認識越久，一定能越清楚他的需求，互動也會越好。

開心的互動，是提升學員學習意願的最佳推手。

三、銷售

沒有成交，就沒有服務，更沒有教學。沒有學員，教練就沒有存在的價值。

銷售的目的，是讓學員跟我們上課，銷售的關鍵，則是「提問」。

愛因斯坦曾經說過，「有問題才有答案」，身為教練，你必須學會用正確的提問找出學員的需求，解決對方的困擾。

學習正確提問，是增加銷售能力的決勝點。

四、名單（人脈）

十年前有句話很流行：「人脈就是錢脈。」在健身產業裡，這句話可以說寫實到見骨。

「學員上課數」決定了教練業績數字的續航力，一個教練的穩定績效，往往來自於幾個VIP學員的支持。簡單說，十個VIP學員每月上十二堂課，以一堂課一千五百元來說，該教練就有一百二十上課堂數（約十八萬元的業績）。

維持好的人脈，有賴你「好的紀錄」。學員少時可以靠腦袋記，學員多了就要靠筆記，這個小動作，會是感動服務與平凡服務的差別。

記住學員的生日、興趣、學習狀況，盡量聊對方愛聊的話題，讓學員感覺教練不僅有如自己的知己，同時還能讓自己身形變得更好、更健康。

五、數字

教練要關注的數字只有三個：客戶預約數（新客人預約和舊客人續約）、上課數、進帳預估。

「客戶預約數」決定你的教練業績，所以新教練要專注在新客戶的預約數，而資深教練要維持客戶的續約。通常一位學員只要續約三次以上，就會持續上你的課，所以，後期維持好的服務品質讓學員跟著你，是教練從小咖變大咖的關鍵之一。

「上課數」會直接決定教練的收入，業績想穩定，至少一個月要有上一百至一百二十堂課的能力，扣除週休二日，等於一天要上五至六堂，維持上課數最重要的技巧就是讓學員覺得上你的課很有效果，甚至喜歡上你的課，成為生活中不可或缺的一部分。

「進帳預估」則讓教練能安心做事，因為當你已有確定進帳的數字時，心裡會相對踏實、舒服許多，最好是月初的第一天就有數字進帳，這會讓你有如吃了定心丸，信心大增，更有簽下第二、第三張單的自信，甚至在月中就能達標或超標。

進帳預估確定後的下一步則是「行動」，數字和預約有時候難以做到百分百正確，而我們唯一能管理的只有自己的行動。

每天要做多少通電話開發，認識多少新會員，都要靠自己的「行動」。正確的行動越多，成功的預約就越多，不管是線下或線上開發，都是很重要的方向。

剛剛當上教練時別著急，可以從做得順手的方向開始，先求有，再求好，你才會越來越好。

六、學習力

學習，是一流教練與二流、三流……九流教練的差別，但專業的學習只是基本功，「通識能力」的學習才是教練生涯揮出全壘打的必殺技。

培養通識能力初期可嘗試時間管理、成本、溝通、行政等常用能力的加強，中後期可以往財務規劃、說故事、簡報能力、影片製作發展，增加線上自我行銷和財務規劃的能力。

這是查德過去在健身產業闖蕩成功的心得。在健身產業厲害，不見得在其他行業也厲害，有一天你不當教練了，這些學習一定能大大幫你轉換跑道。

七、情緒管理

以上六點雖重要，但沒有好的情緒推動，這六大要點都無法順暢執行。人腦中存在的鏡像神經元，會影響周圍人事物的反應，如果你今天教學時擺出一副臭臉，只會間接影響學員的情緒。苦瓜臉教練會教出苦瓜臉學生；笑臉教練會教出笑臉學生，所以你一定要管理好你的情緒。

好的情緒可以減少自我鞭打，降低焦慮、不安的心情，甚至能夠增加教學、銷售、服務的能力。

好的情緒從自我溝通開始，從冥想、寫日記到高強度的訓練，都是抒發情緒的好方式。

早起運動也很不錯，可以專注訓練，又能抒壓，每一天都有個好的開始，做什麼都不會壞到哪裡去，不是嗎？

一日之計在於晨，你的人生也許無法贏在起跑點，但可以贏在早起一點。

2-2 比起賺錢，更重要的是成長

有些看似找麻煩的事情，其實背後都有一些道理所在，學會與他人取得共識，是我們一輩子要做的功課。

公平就是最好的解決辦法嗎？

六年前我當主管時，公司來了一位熱情的新教練，綽號叫「水煮蛋」，水煮蛋很專業，但總希望這世界要配合他，所以我每天要花很多時間跟他溝通。

有一天水煮蛋眼中有火，聲音帶刺的說：「查德，你不覺得公司的新政策很不合理嗎？要求我們工作時不能帶手機，因為怕影響公司的形象，這樣一來，我們跟學生聯絡很麻煩耶！」

面對水煮蛋的嘲諷，我拿起了桌上的冰美式，喝了一口，說：「公司是希望教練認真地幫學生調整訓練動作，學生休息時，教練要趁機和學生聊天，建立更緊密的關係，而不是把時間拿來滑手機。」

水煮蛋義正詞嚴的說：「這樣說也沒錯啦，但我看你們主管都可以帶手機，要規定不准帶就一視同仁嘛。」

聽完我笑著說：「我可以理解你的心情，只是我們的工作重點不一樣，所以規定也有差別。如果今天健身房漏水或有流氓要來砸店，你覺得櫃檯會先找我，還是找你協助呢？」

水煮蛋說：「當然是找你啊！你是店經理呢，我只是一個教練！」

我放下冰美式拖著下巴說：「是啊，他們一定會找我，因為那是我的職責所在，如果我沒有帶著手機，那他們怎麼馬上找得到我呢？對現場的員工來說，我就像急救箱，一有重大事情發生，我一定要迅速得知並解決，而你的職責是教練，好好教課，讓更多人喜歡上你的課才是最重要的。我們各司其職，各守各的規矩，這樣你可以接受嗎？」

水煮蛋雖然一臉無奈，還是回答：「我了解了。」

創造「剛需」，避開「孤芳自賞」

工作中，總有些困境使人心情不爽快，有時是業績的挑戰，有時是詭異的突發問題，有時則是公司政策的說變就變。

遇上困境時，你也許覺得自己遭遇不合理的對待是因為你的價值被低估，事實上，我們就像藝術品，即使藝術品的價值很高，還是有可能被買方低估，有時剛好一個學員誇獎我們教的好，瞬間的自信心爆棚，讓我們覺得自己的價值很高也合情合理，然而，一個人的「價值」是由市場來決定，而非由你決定。

能做到讓人不只需要你，而且是非你不可，這就叫「剛需」。

舉例來說：

- 能貢獻五十萬營業額的教練，是經營者的「剛需」。
- 教練的身材、口條好到能幫健身房打廣告，那就是行銷的「剛需」。
- 教練和老會員的關係都很好，還能協調處理客訴，則是客服部的「剛需」。

如果我們創造的價值只能滿足自我需求，卻無法滿足其他人的需求，很遺憾，你的價值只能留著「孤芳自賞」。

每一份工作都是一種學習

馬雲說：「懷才就像懷孕，懷久了就會被看到。」能創造「剛需」的人，眼裡通常不會只有賺錢，更不會看到麻煩事就逃避，而是馬上自問：「如果解決這個問題，我能學到什麼？」

十一年前我還在飯店任職時，有幸幫主管做了SOP的翻譯。我很訝異，飯店的SOP竟然細緻到連洗手、開門、折毛巾，每一個動作都有投影片、簡報和清楚的步驟說明，比教科書還要教科書。

那是我第一次體驗到什麼叫做「魔鬼藏在細節裡」，那次工作的衝擊，讓我後來擔任管理職時有清楚的做事架構，可以讓新進的員工成長得更快且不迷惘。

學到了教育訓練和SOP的威力，即使我離開健身房的管理職，也能夠在教育訓練佔有一席之地，靠的就是當初工作上的學習。

所以，如果你很努力了，收入卻不滿意，這時請別太急躁，因為對努力的人來說，比起錢更重要的是成長，不是嗎？

2-3 致老手教練：與其整天靠北，不如成為別人的靠山

你知道嗎？健身教練也會被霸凌。

新手當久了，自然就會變成老手。如果有一天你成了老手教練，會怎麼看待、對待新手教練呢？

被「靠北」掉的新手教練

有個超愛批評其他教練教學方式的同事，我們私下都叫他「抱怨哥」。

抱怨哥是一位超級專業的教練，所有你能夠想到的研習、證照都被他收集完了，一年花二十幾萬元的學費進修專業，對學員的服務也有一定程度的品質，但是他有個毛病，對，他很喜歡挑剔其他教練的教學。

健美專長的，在他眼裡活動度和協調性很差；舉重專長的，經常被他批評肌肉

量及體脂肪太高；網紅專長的，他認為教學口令及專業都不夠好，在他看來，除了自己沒人有資格當健身教練。

有一天，抱怨哥糾正公司的網紅教練「小美」的教學動作：「你很誇張欸！剛剛你教腿推舉時，十下有五下膝關節都鎖死了，你不知道那樣會受傷嗎？」

小美是這樣替自己辯白的：「學長，我已經盡力調整了，但那位大姐很不受控，我有降低了一點重量，這樣還不行嗎？」

但抱怨哥不接受這種解釋：「你這樣跟騙錢的飯店教練有什麼兩樣？拜託！不會動作調整就別出來害人好嗎？」

聽到這裡，小美眼角泛出了淚光：「我很努力了，我的學生都有進步！體脂肪都降了百分之五到六左右，不是沒有成績。幹嘛這樣說我？」

抱怨哥嗤之以鼻：「降體脂肪很基本的好嗎？好意思拿出來說？你證照考假的啊？」

小美再也受不了了：「那我不幹了可以吧！都給你上！給你上！你最厲害、最專業、最了不起！」

一個正在萌芽的明日之星，前程就這樣被「靠北」掉了，帶著徹底的失望離開健身產業。

是嚴格，還是言語霸凌？

許多資深的教練都有一個毛病，就是「嚴以律己，嚴以待人」，難免會用過高的標準評判剛入行的後輩，嚴格是好事，但過程中如果輕重拿捏得不好，很容易變成「言語霸凌」。

而這群驕傲的教練，常常是「靠北教練」（一個收集各種健身房抱怨的粉絲團）的粉絲，每天就是上網看哪些教練不專業，群起圍攻，最終只是徒然增加這個世界的糾紛罷了。

這世界從來就不缺酸民，只缺願意伸出援手的人。將來有一天你成了老手教練後，如果你看到有教練教學不專業，不妨先向他的主管、他的公司反應，反應後還不改進的，就別客氣，好好糾正他們吧！

但是，對於還在努力學習的新手教練，還在摸索階段就一天到晚批評他，被打擊掉的不只是熱情的心，也是未來的希望，與其酸言酸語，不如以實際行動拉新手教練一把，讓健身世界更美好。

看到這想問你，你願意成為新手教練們的靠山嗎？

「你們這群新人啊……」

反過來說，新手教練當然也應該自立自強。

新手教練只要做上幾天，一定會遇到某些看不慣公司，但也沒能力自行創業或做自由教練的老鳥教練，他們每天的樂趣，就是對新手教練發牢騷、洗腦，讓你對這間公司失望，最後離職。

很想認真奮鬥的你，該怎麼面對這種情況呢？以下是很好的例子。

「公司真的很不尊重資深教練！」七年的老鳥教練小E，對著任職剛滿三個月的教練們抱怨公司制度：「你們這群新人啊，這間公司就是標準的業績好時大家尊敬你，但是只要業績一變差，老闆、主管就會變成鬼追著你跑、釘死你！不要以為你們這兩個月做得好就太高興，囂張沒有落魄的久，知道嗎？」

在小E的洗腦攻勢下，這些新人「果然」覺得公司不好，開始學會和小E一起抱怨，沒多久，十個新教練就離職一半，半年後更只剩下兩位。

然而，其中的一位反骨新人「鐵蛋」，不但不抱怨、不離職，還會反擊。

鐵蛋：「你待得這麼不開心，幹嘛不離職？」

「我學生這麼多，幹嘛離開？月入八萬，還過得去啦！」小E高傲地回他。

「都八萬了，還這麼愛抱怨？」鐵蛋不屑地說。

小E給他一個臭臉說：「講得這麼簡單，有辦法，你也月入八萬給我看呀！」

三個月後，鐵蛋的業績開始穩定往上升，從十五萬、二十萬、二十五萬，最後達到了三十萬，超過小E不只五成，氣得小E找經理「鹹蛋」抱怨：「經理，你是不是都把資源給鐵蛋啊？為什麼他的業績會那麼好？」

鹹蛋告訴他：「我哪有給他什麼資源？他就是上班前兩小時就到現場運動，順便和會員打招呼、做些服務……噢，對了，他就靠這個收到了好幾個體驗會員呢！」

聰明的你，經歷過這種「企業文化」嗎？

小E這樣的人不算少數，許多人一有點實力就喜歡開始大吐苦水討拍，總嫌這世界虧欠他、工作很辛苦、環境很糟糕……，但是你也會發現，其他人都走了，他始終在原單位裡屹立不搖。

所以，無論你在任何產業，都記得千萬別把他們的抱怨當真，更不要隨著這種人起舞，因為到時候，倒楣的是你自己。

孔子說：「見賢思齊焉，見不賢而內自省。」

酸民是：「見賢酸葡萄，見不賢就補刀。」

強者從不抱怨，因為強者都把時間用來讓自己成長了。酸民呢？我只想對酸民們說：「你自己弱，才老嫌這個世界不公平。」

最後，請容我說一說我和鐵蛋這位好教練相處的最後一天。

某天早上我跟往常一樣九點整走進健身房，正準備自主訓練時，已是三個小孩爸爸的鐵蛋教練跑來跟我打招呼。

我吃了一驚：「嗨！鐵蛋，怎麼這麼早來？」

「沒辦法啊！今天有十二堂課要上，早點來還可以吃個早餐。」鐵蛋無奈地說，講完後低頭看著手機，開心地跟老婆小孩視訊。

我看到視訊中的孩子正在對他說：「爸爸你今天要早點回來，唸故事書給我聽喔！」

就這樣，鐵蛋一路教學到晚上十點，結束最後一堂課後，晚餐都沒吃就拿起安全帽，趕著回家唸故事書給孩子聽。

然而，這個只想盡早到家唸故事書的好爸爸，那一天卻在大雨中為了閃避一輛酒駕的法拉利，不幸被卡車撞上，當場身亡。而孩子們已經抱著故事書睡著了，嘴巴還不斷地說：「爸爸你答應我要唸故事書的，怎麼還沒回來？」

很多人為了工作願意燃燒自己超過十二小時，他們並不是工作狂，只是為了讓家庭有個美好的未來。

2-4

為什麼不該一直免費諮詢？

當健身教練應該都會遇到一件事：免費諮詢。

免費諮詢就像釣竿，可以釣上獵物，妥善運用的話，便能增加學員購課的機會，但是，前提是對方的確有購買的意願，接受諮詢才能創造需求，要不然就只有令人失望的結局。

讓沒有意願買課的人不斷免費諮詢，會發生什麼狀況呢？

不珍惜

免費的諮詢就有如拋棄式物品，使用過後對方就會忘了你，在沒有付費的情況下付出再多心力，對方肯定不會珍惜。

沒效率

記得我剛當教練時，很多身邊的朋友都會問我：

「查德，要怎麼練胸？」

「查德，我的肚子這塊肉越來越大，要怎麼辦？」

「查德，要怎麼練手臂呢？」

剛入行的我，總會竭盡所能分享飲食、阻力訓練、生活習慣……等各式各樣的細節。

我自認講得精彩，沒想到對方卻只回我一句：「好的，我試試看。」隔了三週後，想說關心一下對方練得如何了呢？「啊，還沒有開始呢。」

用熱臉貼了許多冷屁股後，讓我瞬間以為人間處處是冰箱，從此即便是朋友，我都不會花太多時間提供免費諮詢（除非是非常好的朋友或上過我課的學生）。

和其他專業人士一樣，健身教練的時間就是錢，浪費一小時，就等於白白浪費了一千五到兩千元。

步入常軌後的教練，幾乎從睜開眼睛起就要準備教課，每天八到十小時的教學是常態，剩下的時間還要帶新客人體驗、開發預約、開會、休息、吃飯，以及保持身材的自主訓練。

如果在這麼忙碌的狀態下，還把有限的空檔浪費在免費諮詢上，沒氣死也會累死。

附帶一提，常有人抱怨找不到好教練，那是當然，好教練原本的學生可能就夠多了，沒辦法再接太多新學生，所以，如果你自認是好教練，就別忘了「使用者付費」的原則，不僅教會客人尊重專業，也能督促自己，讓自己的服務值得這個價錢。

責任歸屬

我曾經服務過的體驗課會員大B有天傳訊息給我：「教練你教的沒有用，我還變胖了！」當下我只覺得莫名其妙——你變胖與我何干？

就算是實際在上課的學員，教練都不一定能夠百分之百確保訓練成效，更何況是體驗過就沒再上課，或者只是問了幾句就自己鍛鍊的人？

免費諮詢能給的只是「指引方向」。

免費諮詢只是魚餌，這個不買，下一個會更好。你的時間很寶貴，別花在不珍惜你專業的人身上。

最後，我想對那些不尊重專業的人說：尊重專業，請先付費；先有付出，才有收穫。

2-5 專業教練的難題：該免費教朋友課程嗎？

七年前，滿腔熱血的鮮肉教練小A踏進七彩繽紛的健身房。這是他教練生涯的第一天，燃燒心中的熱情之火，一整天嘴角帶笑地勤教會員運動，他的好朋友大B也特別選在這一天來參觀健身房。

參觀完之後，小A殷勤地帶著大B體驗，一邊做運動大B一邊問：「小A，這裡會籍一個月多少錢啊？」

小A說：「其實不貴啦，差不多一千兩百八十八元左右，不過不包含教練指導費用。」

大B：「什麼，加入了沒人教你器材，要學還要再付錢唷？」

小A：「當然啊，教練考證照很貴呢，至少兩到三萬起跳……」

「我懂啦，A仔，」大B打斷他，接著問：「咱們朋友一場，我入會後，你可以每次免費教我三十分鐘嗎？」

天秤座的小A，最弱的弱點就是「拒絕人」，但心裡還是不免焦慮：「這樣做不太對，而且以後學員變多了，也不一定有時間教他，怎麼第一天工作就碰到這難題呢？我該如何是好？」

你覺得呢？是不是馬上浮起一個疑問：「免費教朋友有什麼好煩惱的？」

這問題可大了。

「滿堂教練」的思維

千萬講師謝文憲說過：「有些事值得做，但不一定值得認真做，要考慮機會成本。」

教練是服務時數制的工作，所謂「服務時數制」，代表著「時間就是金錢」。如果一小時收費一千五百元，半小時免費指導等於損失了七百五十元，以一個月二十個工作天來算，每天免費教半小時等於損失一萬五千元。

沒錯，小A只是個新手教練，課不多時，你大概會覺得時間沒有那麼珍貴，說不上什麼損失不損失。但是，讀到這裡的你一定已經明白，要想在健身業出人頭地，新手教練有很多技能尚待學習，有很多潛在客戶尚待開發，而學習或開發最需要的，就是時間。

說到這裡，我希望你可以用「滿堂教練」的思維來考量。

所謂「滿堂教練」，指的就是平均每日上課數破八堂的教練，在健身房裡，就代表著每日創造破萬的產值。一個滿堂教練，會有時間免費教朋友嗎？走到這一步的你（說不定你只需要努力一、兩個月），再也無法履行對朋友的承諾，變成「說得到做不到」的爛好人一個，看在朋友眼裡，會覺得當初你答應免費教學只是為了騙他入會。

為了堅守承諾，難不成你要取消學生的課程來免費教朋友——不會吧？

聰明的你應該已經發現，一時的「爛好人」心態，不僅會讓你自己賺不到錢，更讓自己獲得「假朋友」的評價，即使你付出的是真友情。

有時，我們會看到某些強者教練脾氣大、很執著，甚至不通人情，那正是因為他們有本錢，但沒時間做白工。

我有一位學生陳先生是年薪三千萬、每年公司營業額高達一〇九億的外商銀行總經理。

有一次，我用通訊軟體問了他一個問題，他竟然打電話過來跟我聊了十分鐘，讓我覺得非常不好意思，因為我知道，他這十分鐘的產值超過幾十萬元。

教練的產值也許沒那麼可觀，但也不要覺得五分鐘、十分鐘、半小時沒什麼了不起。趁你還不是咖時，趕緊養成珍惜時間的好習慣吧！因為你一定會成長、會變強，「善用時間」絕對是你最好的投資。

時間，是連股神都買不到的東西。股神華倫．巴菲特（Warren Buffett）曾說，他能買得到任何的東西，但他買不到時間，連巴菲特都買不到的東西，你竟然還浪費？

最後，言歸正傳——我們該免費幫親友上課嗎？

我認為，也許免費教家人沒問題，但如果對方是知識霸王客——啊，說錯了，是「朋友」——要你免費教他們時，請先思考一件事情：如果他們不想付錢跟你學，他們真的有把你當「好朋友」嗎？或者，他們只是覺得你「好利用」？

2-6 你的專業，是不是被「朋友」利用了？

相信當過教練的人，對以下的情景一定不陌生：

有一天，你熱情地帶完眼前的學員運動，再坐下來盡心盡力幫他規劃了半年的課程訓練後，他卻只回你一句：「我朋友練得很好，他會帶我練。」

你聽完啞口無言，正想努力說點什麼時，對方只丟下一句「謝謝你今天的指導」，就起身走人，獨留你一個人在洽談桌，來不及問他：「你的朋友真的會帶你練嗎？」

「不然今天你先練就好」

先來分享一個過去我帶朋友運動的經驗吧。

那個朋友，姑且稱之為小明，是個房仲業者，業績普普通通，每天上班打完卡不是去漫畫店看漫畫，就是去運動中心健身。

小明知道當時的我正在等待飯店的教練工作通知，有一天就對我說：「你現在比較有空，教我怎麼練胸吧。」

我想也沒想就答應了，很快就帶他去健身房。

第一次練我便發現，小明的握推動作歪七扭八，原本說好各練各的，但是他這樣子很危險，很可能不小心就被槓鈴「斷頭」了，所以我只好停下我的訓練，幫小明調整動作。

花了五分鐘調整後，慢慢的，小明做握推的離心控制越來越好了，雖然我是花錢陪練，但小明覺得收穫很多，這讓我感到很開心，心想：「雖然我還沒當教練，但我還滿會教的嘛。」

然而，正打算結束當天的教學、準備開始自己訓練時，小明又開口了：「接下來可以帶我練一下手臂嗎？」

我說：「今天都還沒練到，我想要自己練了啦。」

小明卻不放過我：「你都練的這麼好了，少練一次沒差啦！」

聽到小明這樣說，瞬間就點燃了我的怒火，壓下情緒後我想：「來都來了，今天還是先帶完他吧。」但是，越帶越覺得有一種不舒服的感覺：「奇怪，我的時間就不是時間嗎？」

嚐到甜頭的小明，一結束健身說：「下次你要練時，再找我一起吧！」

聽完他的話，我感受到心中升起的小怒火又燒得更烈了，但心想他也是朋友，一起練就一起練吧。

只不過，每多練一次我心中的怒火就多增長了幾分。終於有一次和小明約好健身，我人先到，整整在健身房等了二十分鐘後，不耐煩地撥手機給小明。

一聽是我，小明就說：「啊！不好意思，我睡過頭了。不然今天你先練就好，我不去了，好累，我要繼續睡了，下次再聯絡。」

聽完這番話，我累積的怒火瞬間噴發：「我的時間就不是時間嗎？下次？你還想要我再帶你運動？別做夢了！」

就這樣，我掛上電話時也失去了小明這個朋友——但是，我也終於可以好好運動了。

有付出，才會有收穫

那次的經驗讓我學到，再好的朋友，只要是免費教，教久了難免就會有怨氣，到最後吵架、記仇都是必然的結果。

有諮詢就該付費，這是尊重他人時間的開始，無形的專業，最容易被當成沒有付出，然而，不論是按摩師、美容師、健身教練、營養師、行銷人員，或是律師、老師……，每一種專業都要花上好幾年的時間和努力。

「台上十分鐘，台下十年功」，這些專業人員一小時的指導，全是好幾年、上萬小時累積起來的功力。

所以，下次你需要教練或其他專業人士的幫忙時，請記得一個原則——有付出的收穫，最讓人心安理得。

2-7 先有同理，才有成交

當教練的，還有一種情況也一定經歷過：我們眼裡有光、心中有火地服務眼前的學員，分享各種訓練概念、組數、次數、訓練頻率與飲食，講到嘴角抽筋、喉嚨沙啞，最後問客人想不想上教練課時，對方的回應往往是短短一句：「我考慮一下。」

那一瞬間，我們的熱情就被學員的冷淡澆熄了。

聽到這樣的回答，百分之九十的教練都會直接反問：「您考慮的點是什麼呢？」

這樣一來，第一千零一次的世界話術大戰就開！打！了！

無論你怎麼見招拆招，客人還是會反來覆去地回你這幾句話：

「啊，沒什麼啦！我這個人做事情就是喜歡想一下！」

「有需要我一定會找你！」（但買教練課的時間是……下輩子）
「我得先回去看一下我的預算。」
「我要回去問一下家人的意見。」
「我要回去看一下我的時間。」
……等等

也就是說，你每幫忙他排除一個疑慮，他就會再提出另一個，但說來說去說不出真正的理由，讓你甚至開始懷疑：「這位客人是鬼打牆了嗎？」

你可能會想，怎麼對方講話會突然反反覆覆呢？

其實，當一般人的大腦面臨壓力、無法思考時，會有一個訊號跳出來，稱為「顧慮」。

消除顧慮五步驟

顧慮會讓人的大腦混亂，當下根本不可能做出任何決定。

那麼，我們該怎麼做比較好呢？

答案是「認同」，先認同，再解決問題。換句話說，就是降低對方大腦的焦慮反應，才有辦法讓他說出需求，找出最佳解決方案。

所以，你應該怎麼回答才對？

- 步驟1：「是，你說的我可以理解。」也就是先認同。
- 步驟2：「那我可以問你一個問題嗎？」確認客人有意願回答。
- 步驟3：「你喜歡今天的訓練嗎？你覺得這樣的課程規劃適合你嗎？」促使客人回想運動的美好感覺（如果他回答「還好」，你就知道問題出在哪裡了，也許他不滿意你的服務）。
- 步驟4：「那麼，你最需要考量的，是時間、預算，還是家人是否支持？」引導對方聚焦在一個考慮點就好，這稱為「綑綁顧慮」。

如果對方還是無法聚焦，比如回答：「時間或預算吧？」這時候，你不要急著反駁，要先確認哪一個是對方最大的顧慮，所以要追問：「時間跟預算，哪一個是你比較大的考量呢？」根據回答，去解決那個問題就好。

• 步驟5：「假如這問題解決的話，你會想要上教練課程嗎？」如果回答OK，大致上就沒問題；如果不是，再繼續一次前面的步驟，或者先聊別的話題後再繞回來確認。

這五步驟其實不難，也不是什麼話術，而是解決潛意識抗拒的「溝通架構」。這架構如同重量訓練，你要一直練習，直到成為自然而然的反應，才能真正派上用場。

銷售的背後是同理心

有時候，我們會以為銷售是為了利益，其實銷售的背後是同理心，唯有同理心才能夠取得認同。

理解學員的狀態和困難，他才有可能接受你的課程。而更重要的是什麼？一旦對方願意跟你上課了，下一步就是把服務做好。

許多健身房的課程糾紛都是來自教練在學員購課前講得天花亂墜，購買之後卻沒有落實自己的承諾，不僅讓學員對教練失望，也損害了教練自己的名聲，讓很多人認定健身房只有商業而沒有專業，那不是得不償失嗎？

我認為，真正的商業不是一次性生意，而是讓對方持續購買你的服務，而落實的前提就是「實現你對學員的承諾」。

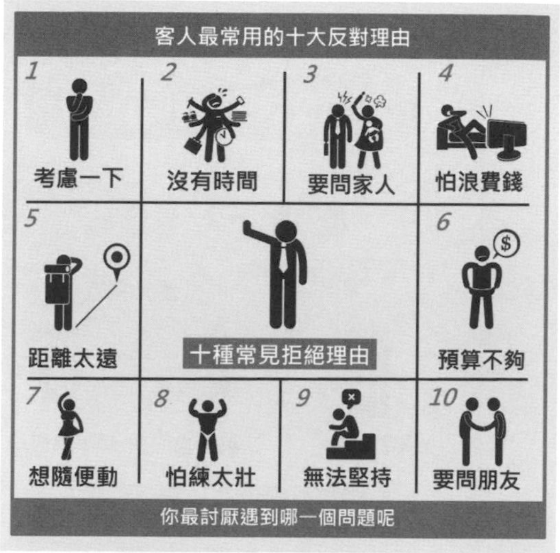
客人最常用的十大反對理由
1 考慮一下
2 沒有時間
3 要問家人
4 怕浪費錢
5 距離太遠
十種常見拒絕理由
6 預算不夠
7 想隨便動
8 怕練太壯
9 無法堅持
10 要問朋友
你最討厭遇到哪一個問題呢

面對反對問題
與其反對不如同理
Slide by：查德

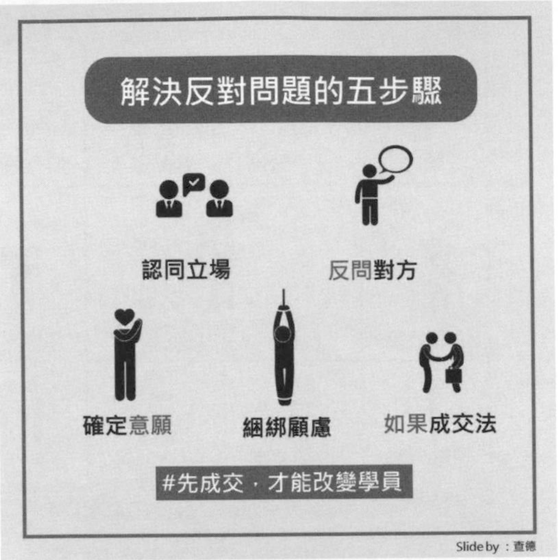
解決反對問題的五步驟
認同立場
反問對方
確定意願
綑綁顧慮
如果成交法
#先成交，才能改變學員
Slide by：查德

專業讓你稱職
銷售讓你被學員看到
Slide by：查德

第三篇

教練的自我管理

3-1 如何讓你的努力被看到？

你工作很認真、態度很正向，而且拚勁十足？那麼，你一定很想知道，什麼樣的努力才會被人看在眼裡、記在心裡。

以下，查德要和你分享三個小故事。

三個小故事看見努力的重要性

故事1

梵谷（Vincent van Gogh）是個天才畫家，但生前只賣出過一幅畫，一八九〇年七月二十七日，梵谷在麥田舉起左輪手槍自盡了。

在他死後某一天，他弟弟把畫拿去賣，沒想到那一賣從此讓梵谷聲名大噪，現在，梵谷的每一幅畫幾乎都能賣上千萬美元。

我不知道如果梵谷地下有知，會不會心想：「搞什麼，原來我弟弟是超級業務，早知道就叫他去賣畫了！」

這個故事告訴我們，如果你自己不擅長行銷，就要找行銷業務幫你推。

故事2

另外一個天才畫家畢卡索（Pablo Picasso），則是選擇主動出擊。

畢卡索剛到藝術之都巴黎時默默無名，但很有生意頭腦的他，用一百六十法郎時薪請了一堆年輕人當「椿腳」。

這些年輕人的工作可不是在街頭發傳單，畢卡索連行銷都是天才，他要這些年輕人跑遍巴黎的各大畫廊，只問店家一句話：「請問你們有賣畢卡索的畫嗎？」

畫廊店員當然只會回答：「沒有呢！畢卡索是誰啊？」

那一晚，全巴黎的畫廊都被這個屁孩軍團問倒，人人心中只有兩個共同的疑問：

「這個畢卡索，究竟是何方神聖？」

「要到哪裡找這個畢卡索，爭取幾幅他的畫來賣？」

採用了「飢餓行銷」策略，再搭配本身實力的畢卡索，就這麼把自己身價抬高了不只一百倍，用現代的概念來說，就是「行銷＋實力＝王道」。

故事3

行銷就一定會有用嗎？

那可不見得——你還是要有實力。

台灣曾經有個人叫朱一貴，因為他能號召鴨子稍息整隊，自稱「鴨母王」，國號「大明」。

但鴨母王畢竟只能管管鴨子，不是真皇帝。一七二一年，清朝大軍湧至台灣，鴨母王的「鴨子神功」半點也派不上用場，最後慘死在亂刀之下，真是可悲可嘆。

你就是千里馬，你就是伯樂

不論你是健身教練、物理治療師，還是設計師、律師或任何專業人士，機會來了，也要有實力才能一步登天。

你想當死後才揚名立萬的梵谷，還是一生享盡榮華富貴的畢卡索呢？（你總不會想當朱一貴吧？）

別讓你的專業只能用在天堂教天使，今天開始請試著每天在臉書也好，在ＩＧ也好，定時發一篇文章，開始和世界對話，和世人分享專業心得、精彩故事、心路歷程……等等。

你的故事就是最好的品牌，肯寫、肯經營，就能讓所有人都看到你的努力。沒有伯樂？就自己身兼伯樂和千里馬！

3-2 管理你的時間與狀態，路才能走得長遠

小德是三年資歷的健身教練，在知名的連鎖健身房工作。

每天上午十一點上班、晚上十點下班是小德日復一日的日常，為什麼要那麼辛苦？你問小德，他會說：

「如果可以，我也不想要這麼累。」

「如果可以，我也不想過這種生活。」

「如果可以，我也有夠不想教那麼多課。」

一天過了又一天，終於有這麼一天，一連經歷九堂課的「摧殘」後，小德的臉色已經和木乃伊相去不遠，一打開教練辦公室的大門，就看到辦公室牆上的四個字標語：「永不放棄」。

「我還真想放棄呢！」小德對自己說。

辦公桌上有著全家大小合照的照片。看著剛上幼幼班的三歲女兒照片，小德只

覺得萬分哀怨：「女兒都三歲了，我到底多久沒有好好抱她了？」「前天剛幫老婆慶生完就直接殺回來上課，好想多陪陪她啊。」

教練工作，一定要這樣子「犧牲生活、犧牲自己、犧牲家庭時間」嗎？這就是健身教練一輩子的寫照？

「時間不夠」是多數教練心中的痛，為了所謂的職業道德，總是這麼回覆學員：「早上七點？可以可以！」「遲到一小時？嗯……好吧。」

除了正常的辛苦工作，你確定還要這樣委曲求全？其實有兩個方式可以改變這種無助感：

時間管理

研究顯示，人的專注力在十八分鐘左右到達高峰，之後就會漸進式下滑。不論體力再好，多數的教練連續上三堂、四堂課之後，上課品質勢必下降，接下來，就是用燃燒意志力硬撐。

環境許可的話，每堂課下課後請銜接個課後五至十分鐘的休息，讓自己喘一口氣。比如：

連貫式安排法

學員 A	12：00 上課	13：00 下課
學員 B	13：00 上課	14：00 下課
學員 C	14：00 上課	15：00 下課
15：00～16：00 休息		
學員 D	16：00 上課	17：00 下課
學員 E	17：00 上課	18：00 下課
學員 F	18：00 上課	19：00 下課
19：00～19：30 休息		
學員 G	19：30 上課	20：30 下課
學員 H	20：30 上課	21：30 下課
21：30 下班		

學校式排課法

學員 A	12：00 上課	13：00 下課
學員 B	13：10 上課	14：10 下課
學員 C	14：20 上課	15：20 下課

學校式排課法

這種傳統學校式的排課方式，休息十分鐘看似短暫，但如果能善用冥想、簡單的伸展，或走出健身房做個簡短散步，都能刺激大腦來轉換情緒，減少身心疲勞程度。

連貫式安排法

一口氣直接排三堂課，然後休息三十分至六十分鐘。

過去的我就是採用連貫式安排法，老實說，即使有休息，精神上的消耗還是頗大，畢竟長時間的傾聽溝通消耗的不僅是體能，也包含了專注力。

客人更改時間是常態，但可以先講清楚規矩，例如：

1. 遲到不補時間。
2. 遲到請教練喝飲料。

3. 臨時取消課程照扣該堂課程。

這是對教練最起碼的尊重，規則先講好，很少學員會抱怨，而一時的爛好人，只會養出恐龍學員。

恢復力（狀態管理）

大腦必須得到休息，我們才有可能在好的狀態下進行思考。

教練工作的無助感和匱乏感，大多是過勞所導致的，某些教練很願意「燃燒自己、照亮別人」，願意為了學員犧牲自己、犧牲家人，但我不認為這是正確的態度。所有失去平衡的決策，最終都有反撲的一天。

對學員好之前，首先要先照顧好自己，自己都照顧不好了，還談什麼照顧學員？如何保持好的狀態來教學？

生出休息時間後，下一步要做什麼呢？在休息時間裡，你最主要的目標就是消除疲勞，而冥想、伸展、按摩……等都是可以參考的方法。

過去，在健身房工作的教練恢復精神的方式就三種：咖啡喝到飽、紅牛喝到飽，魔爪喝到飽。但這跟錯誤的重訓動作一樣，是一種「精神代償」。

過於頻繁的訓練代償，會造成關節和肌肉受傷；過於頻繁的精神代償，會造成情緒低落和沮喪。在我看來，這是百分之九十五的教練都會掉落的陷阱。

休息能讓你走得更遠，但休息也需要練習。就從今天開始，好好創造、把握休息時間吧！

3-3 領多少錢做多少事？你等著被淘汰吧！

有位上市公司董事長，教會了我一個重要的原則：「別用現在的收入評估自己的未來。」

寫這篇文章時，是我創業以來的第兩百一十天。

回想起來，在健身房當教練的歲月裡，我從來沒有想過自己會出來創業，因為我一直認為，當老闆錢少事多，離家不知道有多遠，如果不幸養了一堆賠錢員工，更會讓自己很不爽。

有些人可能覺得，用月薪24K請人是汙辱人，但如果請到一個不值得的員工，每天上班都在玩手機等下班不說，還在上班時邊抱怨邊說：「一分錢一分貨，領多少錢做多少事。」那麼，不如自己拿24K去五星級飯店住個幾晚，感覺還比較有價值。

健身房裡的「不動明王」

未來的世界，企業降低正職員工數，只留菁英，其餘用外包或機械替代，已經是勢在必行的大趨勢。

健身房老闆「鐵漢」曾經跟我說，他店內共有十位教練，其中三位高專業、高顏質的教練，鐵漢稱他們為「不動明王」——不主動清潔場館環境、不主動服務現場會員、不主動銷售教練課程，只想坐等會員主動來找他們上課。

這三位不動明王，每天只主動做兩件事：運動、玩手機。

鐵漢很苦惱地問我：「查德，我該怎麼管理這種教練？」

我想也不想就說：「換掉他們不就好了？」

鐵漢卻說：「這三位教練都很專業，有體育碩士學歷，身材好、顏質高，專業證照加起來十幾張，都曾經是我重點培育的對象，每個月花好幾萬請講師來培訓他們，沒想到卻越來越懶，成了不動明王。」

聽完他的解釋，我不客氣地說：「你又不是錢太多，請一堆花瓶幹嘛？十幾張證照、高顏質卻沒有服務會員的精神，就像公司的吸血鬼，不是資產而是負債。你是老闆，你有生殺大權，而創業經營沒有獲利只能倒閉，多養這三個人你能夠撐多久？」

鐵漢不住點頭：「嗯……你說的我能夠理解，像我們現在有幾位新教練，雖然才到職兩個月，但都會認真地向會員打招呼、關心和服務會員，現在的業績和學生數，也都已經快超過那三個『專業教練』了。」

我又說：「教練這行業，如果只抱持著『領多少錢做多少事』的想法，除了害慘老闆外，就是等著自己被淘汰。」

健身產業是一個重視人與人連結的產業，一個剛入行、專業度還沒那麼好的教練，只要有心廣結人緣和累積實力，一定會贏過那些高、大、上的不動明王。所以，奉勸新教練們，請別用眼前的課費評估自己的未來，每一次的教學，都是一個最好的學習。

你的學員，很可能也是你的人生導師

我初入某健身房服務時，第一個月還沒開始做業績，而沒業績上課的鐘點費非常低，只有三十元，但我還是樂意幫學長姊們代課。

當時很常幫一位上市公司的董事長上課，那時他還有四十幾堂課要上，對很多健身房教練來說，考量的重點很簡單：「當初我又沒分到這個會員的業績，為什麼要幫他上課？」但即使獎金低得不像話，我還是認真地做好服務的每一個細節，畢竟會員付的是一小時一千四百至兩千元的教練課程。

教學時偷懶個十分鐘看似沒什麼，實則讓會員損失兩百到三百元，也是另一種對教練工作的汙辱。

結果是，這位董事長反而教會了我更多東西。

他教會了我，如果要在職涯上有所突破，要時常向比自己厲害的人學習。

他教會了我什麼是「謙虛」，即便他一個月收入高達千萬，家裡的馬桶價值高達五十萬，浴缸簡直和游泳池一樣大，但對健身房現場的教練和員工還是彬彬有禮，沒有一絲財大氣粗的樣子。

主管離職後，我承接了他的一位會員「克里斯」的課程，克里斯當時是某健身房的股東，也是非常厲害的投資客，他不斷提醒我：「如果你想要賺更多錢，一定要搞懂會計、成本計算。」

也正是這兩位會員的啟發，讓我在當講師和管理時，能清楚知道收入的結構和做人的氣度。

這些東西，是領多少錢做多少事的人所無法體會到的。

剛開始在健身房上班時，鐘點費可能只有一百到五百元，但是，你的會員也許是某一個產業中的大咖或神人，光從他們身上，你就可以學到比鐘點費高一百甚至一千倍的道理和價值觀。

如果你堅持只佔便宜不吃虧，也就是「拿多少錢做多少事」，別說一方之霸的客戶一眼就會看穿你，不可能免費給你什麼人生的建議，就算給了你也半句都體會不到。

3-4 主管和老闆都是白痴？你也許正經歷職場叛逆期！

當人變強後，無形之中驕傲的心也跟著變強，可是，那驕傲的心很可能會讓你忘了同理心。

即便和資深教練比起來，跨過成長階段的新手教練也還算新手，很有可能你在自己的專業領域變強後，會覺得周圍的人看起來都很笨、做事動作都很慢，開始認為自己很強、什麼都懂，但真的是如此嗎？

你一定能做得比老闆好？

小A正是這樣的一位教練，當了三年教練的他，時不時就口出狂言：「老闆很白痴！不懂得尊重專業。如果是我，每件事情就會早早安排好，隨時可以滿足客戶需求，絕不會弄到一堆問題都沒解決，還在溝通協調。」「主管的資源分配很不公平，應該要讓大家都有業績才對！」

小A不只出言不遜跟我抱怨老闆，最後還落下一句狠話：「我就做到這月就好了，因為我已經看不下去你們的作法，我已經找好幾個朋友一起合夥開健身房了，到時候就讓你們看看我會做得有多好。」

沒多久，小A果然就在公司旁邊開了一間三十坪的小型健身房，一開始還跑回原公司拉客人，老闆看到了也只是笑笑而已。就這樣一年過去，小A跟股東鬧不和，最後只能選擇歇業，聽說還欠銀行約三百萬元。

這下子，真讓我看到了他做得有「多好」。

小A的故事，給了我一個很大的啟發：我們永遠都會抱怨老闆的政策，那是因為我們只站在自己的角度看事情，說到底，我們所做的一切都只是為了滿足個人利益。

當了主管後，我更漸漸明白，同樣一件事情用不同角度看時，執行的方向會天差地遠。

初入江湖天下無敵，三年之後寸步難行

以設立教練獎金抽成制度來說，這是不論怎麼設定都會有爭議的命題，教練思維希望抽成比例越高越好，財務部門希望壓低抽成節約成本，現場主管希望有優渥的獎金制度來帶動士氣……。

跨部門的溝通，一旦缺少共識，最後就只會落得雞同鴨講。而之所以會沒共識，則是因為大多數人都這樣想：「他們都錯錯錯，只有我對對對。」

每一個從新手逐漸邁向老手的人，在突破一個界線後，經常會開始目中無人，自以為是，但願你別犯上這個毛病。

治療這個毛病的最佳藥方，就是努力讓自己當上主管。只要接觸主管職務，你就必須學會跨部門溝通，遭遇不同關卡的挑戰，得以熬過考驗的人，就會懂得換位思考，既能考量別的部門的想法，也能了解新人的狀況及心情，讓新進成員順利融入團隊及成長。

江湖上有句名言：「初入江湖天下無敵，三年之後寸步難行。」

囂張沒有落魄的久，職場叛逆期遲早會結束，讓我們發現「人外有人，天外有天」的道理。下次你看到職場叛逆症發作的人，先別急著酸他，換位思考一下吧，大家都年輕過不是嗎？

3-5 如何好好幫靈魂化妝，時時保持正能量？

人要衣裝，佛要金裝，女神要化妝，但是你有幫你的靈魂好好化妝嗎？

二〇一二年大愛電視台長情劇展的主題曲裡，有這麼一句歌詞：「陽光總在風雨後，請相信有彩虹。」

當我感到迷惘時，往往就會想起這句歌詞，然後奮力抛開迷惘。

如何一直保持超級正能量？

網路上有很多朋友都說：「查德你超級正能量的！」但是，認識我很久的人都知道——以前的我脾氣比憤怒鳥還差！

五年前我在健身房擔任教練副理時，因為有教練的客戶預約數太少，又在櫃檯滑手機玩遊戲，當時我氣到用李小龍式的側踢把教練櫃檯踢出了一個大洞，也曾經因為看到某教練不打電話，逼得我在櫃檯大罵三字經，嚇到全公司的主管都跑過來關切。

還有一次某位學員林小姐想找我上課但狂殺價，我因此和她周旋了將近兩小時，延誤到後面的學員上課，我氣到直接拍桌大喊：「老子不賣你啦！不賣你總可以了吧！」然後轉頭就走。事後聽同事說：「林小姐被你嚇哭了！」當時的我實在很誇張，不知道在跩什麼。

脾氣的修練和電腦遊戲的練功打怪一樣，無法開加速器超車，必須一點一滴累積經驗值，讓自己平靜下來，就是讓我教練生涯開外掛的必殺技。

以前在健身房工作時，我曾經有過一段時間，就算每天喝五杯美式咖啡也覺得好累，幾乎都是從早上十點待到晚上十二點，團隊業績卻和雲霄飛車一樣大起大落，即便休假日，腦袋也都被「怎麼達標」所佔據，只有「心力交瘁」四個字可以形容。

直到我讀了《最高休息法》一書。

非寧靜無以致遠

沒讀之前，我還以為「最高休息法」可能是泡溫泉。

但你知道嗎？最高休息法不是叫你出國度假，也不是叫你去做SPA，更不是叫你去夜店狂歡，書裡說，最好的休息竟然是看似浪費時間的「冥想」。

書中是這樣解釋的：

在我們的大腦中有個叫「DMN」的系統，會消耗我們大腦能量的百分之六十至八十，如同我們的iPhone開了一堆APP，雖然沒有使用，但是一樣會消耗電池和記憶體。

冥想，正是能關閉DMN系統的神救援。

我記得第一次冥想時，大腦各種胡思亂想，別說一分鐘，我連十秒都無法停止思考，但是試了一週後，神奇的事情發生了！

咖啡從一天五杯變成兩杯就好，因為能夠放鬆、體驗周圍的感覺，我開始越來越喜歡我的工作。

另一本書《心靜致富》（*Grow Rich with Peace of Mind*）也說，「平靜」是讓我們發揮潛力的鑰匙。

在情緒火山爆發的狀況下，ＩＱ一八〇的人智商水準會降得比猴子還低，所以，所謂的「正能量」，不過是讓我們發揮自身能力的前置作業罷了！

掌控情緒，就掌控了思維。從另一個角度來說，所謂的正能量，正如同網紅用修圖軟體、女性朋友出門喜歡化妝，都是有其必要的修飾，換句話說，培養正能量也不過是靜下心來好好地和自己對話，抹消負面情緒。

白話一點說，就是倒乾淨靈魂的排泄物，卻也是任何人一輩子都要做的功課。

三國時代神人諸葛亮的《誡子書》裡，最著名的一句就是：「非淡泊無以明志，非寧靜無以致遠。」

寧靜得以致遠，心靜了，能量也就正了。

3-6 所謂的天分，背後都潛藏上萬次的練習

當你做出了成績後，你付出的努力往往不容易被認同，因為多數人只會認為你是運氣好或「有天分」。

如果說有哪一句話能馬上惹怒我，正是「你很有天分」。

「查德，你真的很有天分呢！難怪拳打得這麼好！」

「你很有天分耶，難怪這麼會寫作！」

「查德，真羨慕你天生樂觀、超有正能量！」

好像出生時父母就幫我開了一堆外掛，不必付出就能獲得這些技能，第一次聽人這樣說時，說實在的，挺令人心碎。

你可以說我顏值高，但千萬別說我有天分，說這種話的人，我覺得都是看到別人做得比自己好很多時，就用一句「你很有天分」來掩蓋自己的不努力。

如果你是愛迪生，你會發明燈泡嗎？

最近我的臉書每天更新文章時，都有朋友很驚訝，「為什麼可以寫得這麼快？有這麼多想法？」但我必須說，寫作和肌肉一樣，都是練出來的，而且更容易練。沒有多少人知道，我國小時最害怕的就是寫作，光是看一眼作文習題，我就被嚇到魂飛魄散。

我還記得，有一次老師給的題目是：「如果你是愛迪生，你會發明燈泡嗎？」瞪著這個題目，我只覺得，這世界燈泡再多再亮，也還是黑暗的。當然了，最後我繳出的作文是一張「白卷」。

國小是這樣，國中也好不了多少，不是我冥頑不靈、懶得寫作文，而是從小學到國中確實學了幾千個字，但要從腦袋透過筆寫出來，鬼點子向來很多的我，每次都想破頭還是寫不出來。

國文課虐待我最深的就是作文，但怎麼也想像不到，二十年後的我會靠寫作混口飯吃，靠寫文案招生，感謝社群媒體，讓我們有機會出頭天。

人生有時就是如此有趣，你也許永遠想像不到，當初虐待你幼小心靈的東西，會不會在若干年後成為幫你人生增強能力的神救援。

兩年前我就想好好經營自己的社群了，但我實在不想拍影片，原因不是自覺口才差，而是一想到動不動就要花上一、兩小時拍影片很費時，而且我只要打開剪輯軟體腦袋就會秒打結。

有一天，逛書局時偶然看到一本新書《寫作，是最好的自我投資》，歐陽立中老師寫的序裡說：「只要記得每天寫一篇，持續一年以上，你就能成為自己行業的中流砥柱。」

看到這一段話，我就立刻腦子一熱買回家，而且兩天內就看完了。

昨日的我，成就今天的查德

但是，一坐到電腦前，倒也不是說寫不出東西來，只是一開始寫到四百字左右就差不多用光了我寫作的最大肌力。

當時四百字的短文中大約有一百個錯字，自己看了幾次，結論都是：「天呀！這能看嗎？是小孩寫的嗎？」

再看看自己近期寫的文章，嗯，開頭有凸顯主題的好標題、前後有引用經典知識，收尾再來個金句……不敢說條理分明，但至少略有成就，說真的，偶爾看看還滿自得其樂的。

努力的後遺症之一，就是「每天都覺得昨天的自己蠢！爆！了！」難怪很多人不肯努力，就跟某些退伍的老兵一樣「只提當年勇，絕不談現在」。

當年的我真的很不勇，所以只能提現在，順便畫個大餅給未來的自己，再用自己濃郁的雞湯人生為這世界添加幾滴正能量。

噢，現在我還出書了！

我知道這沒有多了不起，只是想說：「你所謂的天分，不是無中生有，而是靠一直、一直努力換來的。」

之前看過一個很有趣的手遊廣告，廣告說著：「一時玩，一時爽；一直玩，一直爽。」套在努力上就會是「一時努力，一時爽；一直努力，一直爽。」你今天有努力讓自己爽了嗎？

3-7 連投資自己的腦袋都不肯花時間？

「時間不值錢嗎？」很久以前的有一天，朋友大C跟我說：「教練課一堂這麼貴，買了還要花時間上，真是浪費錢。」

大C整天喊減肥、想變壯，但喊了快五年從來不付諸行動，在我看來，他浪費在許願、立志的時間，以一個月22K來說都累積超過一百萬了。

《富爸爸，窮爸爸》（*Rich Dad, Poor Dad*）的作者羅勃特・T・清崎（Robert T. Kiyosaki）曾說過一句話：「有錢人買資產，而窮人買負債。」不學習，就是一種負債，浪費的是你的青春（時間）。

但是，如果學習不但要花時間，還要花錢呢？金錢與時間，哪一個才是更優先的選項？

節省時間完勝節省金錢

關鍵在於「用你的時薪去評估做這件事的產值」。

以小美為例，她是台灣四大會計事務所之一的副總，年薪將近六百萬，換算成時薪，將近三千元。

小美來到健身房時，體脂肪有百分之三十五，練出馬甲線則是她最大的夢想。在這之前，她用了三年的時間，每天三小時進行不同的減肥方式：防彈咖啡、減肥藥、吸引力法則減肥法……，唯一沒用上的就是「運動」，但別說減肥成功，最後體脂肪還飆升到百分之四十，走路時肚子會和果凍一樣搖搖晃晃，膝蓋韌帶更因為太胖而磨損了二分之一。

無奈之下，小美終於找了小B當健身教練，花四萬元買了二十堂教練課，每週訓練三天，只用了三個月，體脂肪就一口氣降到百分之三十，雖然還沒有練出馬甲線，但已經是小美今生最瘦的時候了。

我們來粗略估算一下兩種作法的差異：

小美花了三年沒有瘦下來、反而更胖。前後三年，一天三小時，以時薪三千元來說，小美就損失了將近一千萬元。

後來的小美，只花了很有限的時間和四萬元教練費，就幾乎達成了她的夢想。

其實小美並不是多特殊的例子，太多人也都如此，為了省錢，反而白費時間走了一大圈冤枉路。

節省時間，永遠是比節省金錢更有效率的選擇。

報酬率與學習效率

剛剛說的是學員時間成本的範例，接下來，我要和教練們分享另一個學習上的投資「知識的套利變現」。

大約兩年前，我上了張忘形老師的一對一簡報課，一堂課學費約三千元，前後六堂，花了我將近一萬八千元，身邊的朋友笑著問我：「簡報課也要花錢學？」

我沒有理會他的嘲諷，他也不會知道，那個學習在後來一年多裡幫我賺了多少錢。

我估計差不多有六十萬元。忘形老師的簡報課教會我金句收尾、創記憶點、簡報找圖、一致性美感、點線面的方式優化、ＩＧ漲粉、培訓課程招生……等，甚至讓我交到了一個亦師亦友的貴人朋友。簡單計算，這個課程的投資報酬率高達百分之三千三百。

看到查德的這個例子，你還覺得花錢找老師學習是浪費錢嗎？

二十到三十歲是人生未來方向的摸索時代，是個大量嘗試、找到定位的過程；三十到四十歲是人生衝刺的精華時期，選定目標文攻武打、溝通行銷，不求點滿，夠用就好。

在該衝刺的時候還用瞎子摸象學習法，只是扯自己後腿。

不過，雖然「學無止境」是真理，也不代表你必須不計成本、沒有規劃的學習。前一陣子曾有教練問我：「查德，為什麼你現在都不進修教練專業了呢？」我提供了兩個觀點供他參考：「報酬率」和「學習效率」。

對此時此刻的我來說，投資體適能的學習報酬率太低，行銷、文案、溝通、講課技巧等的投資報酬率比專業高多了。

再看「學習效率」，就算我要進修本職學能，也不會花三到五萬元去上任何體適能研習，寧願花一小時三千到六千上一對一教練課。

大膽花錢，好好投資自己吧！對症下藥才有效率，重點式學習成長才快。

現在教練的訓練知識很多，如矯正訓練、運動按摩或其他功能性訓練，你知道哪一樣對現在的你，學起來報酬率最高呢？如果有就大膽花錢投資自己吧，也許現在學完，可以讓你成為未來的明日之星喔！

3-8 好教練能給人的，不只是健康

某天晚上十點，我收拾好東西，正準備走出大門時，有位穿寬鬆黑色運動服的消瘦年輕男子站在櫃檯前面等我。

他是我上週帶體驗的會員「小魯」，很想練得跟「美國隊長」一樣壯，但沒有錢來上課。

生命結束之前，你想做什麼？

一看到我，小魯就說：「查德哥，我有錢了，要找你上課，我們明天就開始好不好？」

我聽了有點擔心，問他：「你不是家裡狀況不好，怎麼突然有錢了？」

小魯說：「我爸爸前幾年車禍過世了，留下一些保險費，爸爸一直希望我把身體練強壯，所以我想要讓自己變成大力士。」

我心想：「什麼？你還這麼年輕爸爸就不在了，那筆錢應該好好留著吧，怎能拿來上課練身體？」於是對他說：「把錢留下來省著用，畢竟那是父親留下來的錢。」

沒想到小魯卻說：「查德哥，這是我的檢查報告，你先看看。」

急著回家的我有點不耐煩，但還是伸手接過醫院報告看了一下，我的天，「腫瘤」的部分竟然寫「陽性，末期」。

「這是……」我嚇得當場說不出話來。

小魯說：「我生病了，醫生也不確定還剩多少日子，但我不想待在醫院，而且我想在生命結束前，試一下我能練到什麼地步。你不是說過一句話嗎？『運動一小時能增加七小時的生命』，如果我每週找你運動五天，每次一小時，就能增加三十五小時的生命，能多活一天又九小時呢！」說到這裡，小魯露出了令人心酸的微笑。

「我只是個健身教練，不是醫病、賣藥的，那只是一份研究報告，不一定完全適用每個人。」我說。

小魯卻還是很堅決地說：「沒關係，我想試試！」

無奈之下，我答應幫小魯訓練。大概是因為身染重症，小魯的身體狀況很差，進步速度根本無法和一般人相提並論。

五十公斤的身體，扛著二十公斤的空槓下蹲就搖搖晃晃，有如故障的飛機，隨時會墜機，蒼白的稚氣臉孔告訴我的是他已盡了「洪荒之力」，讓我看了百感交集。

這樣練了整整半年，他的體能還是沒有多大進展，槓鈴蹲舉勉勉強強可以做到四十公斤八下，但以小魯一百六十八公分、五十公斤的身材而論，離所謂的「強壯」還差得老遠。

我訓練過的學員，隨便抓一個成效都遠遠超過小魯，我這才發現，原來健康的身體才是訓練進步快的主因，教練的指導只是學員進步的加速器。

「查德哥，我知道你已盡力了」

每次看著小魯掙扎著要求進步，我總是臉色糾結、心中充滿歉意。小魯也發現了，反而倒過來安慰我：「沒關係的，查德哥，我知道你已盡力了。」但是，這也是小魯最後一次跟我對話了，之後將近一個月小魯都沒有再走進健身房。

「應該是知難而退了吧？那樣的身體，做到這樣已經很了不起了。」我這樣想著。

半年後，我收到小魯的最後一則訊息：

查德哥，謝謝你過去的指導，雖然最終我沒有練成大力士，但那已是我這輩子最強壯的時刻了。

沒有運動，也許我會更早去當天使吧？

明天我要做最後一次手術，醫生說凶多吉少，而且我現在頭髮、牙齒都已經掉光了，好醜，看起來像隻木乃伊，如果明天手術完ＯＫ的話，我們再約上課吧。

我看著手機上的訊息，有股鼻酸的感覺，二十歲的年輕人竟能笑著面對死神，那是多大的勇氣啊？

原來，除了改善學員的健康外，教練的工作還包含了「被感動」，教練當久了，面對眾多學員、業績及成交壓力，不知不覺就忘了——眼前的學員個個都是有血有肉的人啊！

唯有能被學員感動的教練才能感動學員

很多時候，教練們聚在一起不是討論怎麼幫學員訓練進步，而是分享哪個客戶比較有錢、上次又買多少堂課。

運動產業確實是高度商業化的產業，但在商業的背後，唯有能「被學員感動」的教練才能感動學員，才有讓學員持續消費的動機。

如果某些學員為了上你的教練課而不惜拮据度日，甚至願意解除定存或保險來上課，請千萬好好珍惜。

我相信，大部分健身教練的初衷，絕對不是只想教有錢人運動，這份初衷裡，也一定包含著把你當初愛上運動的感動分享給學員。

所以你還記得那份初衷嗎？請你「莫忘初衷」。

第四篇

健身教練的個人品牌經營技巧

4-1 為什麼要經營個人品牌？

你知道經營個人品牌有多重要嗎？

如果經營得夠好，你就能遠離價格戰，讓人人搶著花錢跟你學習。

路人都知道，過去十年，健身產業是大者恆大、大魚吃小魚的時代，但那時代已經過去了，如今是個人崛起的年代，一間大公司的聲量，很可能會輸給一個網紅，甚至知名素人。

所以，查德在講課時，都不斷推廣一個概念：

健身教練一定要好好經營自己的個人品牌，而且越早越好。

到底什麼是「個人品牌」？

很多人都誤以為，經營個人品牌就是創建一個臉書粉絲專頁或ＩＧ帳號，而且粉絲數越多越好，如果你這樣想就誤會大了。

「個人品牌」其實是經營自己的「名聲」，口碑越好「影響力」越大。

這個名聲，可以簡單分為線上和線下的經營：

線上經營

包括了社群媒體（臉書、ＩＧ、Podcast、YouTube、Tiktok 等）、部落格、LinkedIn 和 Line 也是。

線下經營

線下經營對象則是朋友、同事、教練課學員、團體課學員、社交社團（ＢＮＩ、扶輪社、獅子會、青商會……等）。

《圈對粉，小生意也能賺大錢》這本書曾提到：「跟一個線下的粉絲連結，創造的影響力會是線上的十倍。」也就是說，社群經營像是霰彈槍，一次可以擊中很多目標，但影響力有限；而線下經營就像狙擊槍，瞄準對象，一次就快速圈粉。

所以如果時間允許的話，線上線下同時經營才是王道！

健身教練經營個人品牌的好處

根據查德自己的分析，未來教練每小時的價格將會分為四種：

- 低價位（六百至一千兩百元）：自由教練
- 中價位（一千兩百至一千八百元）：健身房、工作室教練
- 高價位（一千八百至三千元）：精品健身房、高級自由教練
- 神價位（三千以上）：講師級、高流量的教練

其中，中價位的教練因為有健身房的品牌支撐，工作室也有營運成本要考量，價錢不會下修至低價路線。

聰明的你一定看出來了：未來最便宜和最昂貴的教練課都會是自由教練。那麼，我們怎麼讓自己往高價路線走呢？

查德認為有三個方向：內容行銷（發佈幫助讀者的文章）、專業進修（持續深耕專業、溝通、行銷等各種能力）、強大經歷（教過哪些特別的學生或特別的教學經歷）。

要怎麼開始經營個人品牌？

其實，多數人都把「發文」這件事情複雜化，或過度簡單化。專業教練經營個人品牌的方向，剛開始很單純，就是分享能幫助他人成長的「內容」，而好的內容要怎麼被看到呢？仰賴的是吸引人的標題。在社群媒體發文，標題決定了滑手機的人要不要繼續看下去。

略舉幾個例子供你參考：

「你知道為什麼百分之九十的教練都賺不到錢嗎？」

「五個硬舉常見的錯誤動作。」

「為什麼訓練後，不該馬上喝高蛋白？」

這一類的標題，會讓你的讀者想要細讀內文，就和好餐廳也要有好行銷才會吸引食客是同樣道理。

最後，經營品牌就像是經營自己的名聲，一定要持續、持續再持續，才有被看到、又看到，再看到的一天。

日本軟銀公司董事長孫正義曾說：「三流的點子加一流的執行力，永遠比一流的點子加三流的執行力更好。」

行動才是成功的王道，所以，今天就發一篇文，來讓自己的專業被看到吧！

4-2 要說一輩子的故事——你的個人品牌故事

經營「個人品牌」，有點像是「說一輩子的故事」。誰的故事呢？你自己。

查德想分享影響我的幾個人生故事：

用親身經歷的故事打動學員

二〇〇八年是我人生最大變故的一年。

那年的金融海嘯讓家裡經濟崩盤，原本反對我比賽的母親因此突然不告而別，卻讓我有開啟拳擊之路的機會，也間接帶領我走上健身教練的生涯，可以說，拳擊是我人生的救世主。

但當了教練後，依然有許多不看好的聲音，有人批評我：「比賽紀錄又沒有多輝煌」，憑什麼我可以讓那麼多人願意上我的培訓？

那是因為，我是用親身經歷的故事來打動學員：

- 二〇〇九年，第一次參加散打比賽拿冠軍，我用拳擊找回了自信。
- 二〇一七年，因為管理和拳擊專長，被挖角去國際知名的格鬥品牌擔任教練經理。
- 二〇一九年，因為拳擊讓我業績好，懂得用拳擊的概念帶團隊，還清了家裡積欠的六百多萬債務。
- 二〇二〇年，我開了六班拳擊培訓。憑藉的不是比賽紀錄，而是我在人生中實踐拳擊手的骨氣。

這些都是跟了我一輩子的「品牌故事」。

講道理不如說故事

身為健身教練的我們，總是想用腦袋的知識來改變別人。沒錯，好的知識的確可以幫助人，但如果對方聽不進去，那又有什麼用呢？

有一句話說得很好，「笨拙的人講道理，聰明的人說故事。」故事是最強而有力的行銷，你可以分享人生中的真實故事，並且把故事因應使用狀況，拆解成短、中、長版本：

- **短版本：**約三百字，可當作社群媒體廣告的文案，來吸引新的粉絲。
- **中版本：**約八百至一千兩百字的版本，你可以分享更細節的內容，融合對話、情境轉折。故事寫得好，你將會得到更多人的認同，並且發揮你的影響力。
- **長版本：**一千五百至兩千字，這是最長的版本，如果你有演講的需求，或者寫部落格、錄 Podcast 的習慣，這會是推廣你自己的最強武器。你可以把長版本個人品牌故事用在演講的開場或結尾，讓聽眾對你更有印象。

已經當教練或志在健身產業的你，肚子裡有足以影響他人的好故事嗎？這邊給你幾個能打動客戶心靈的故事範例，包括了：

1. 你人生最大的失敗經驗是什麼？
2. 你是如何反敗為勝？
3. 你如何在挫折中學會不放棄？
4. 運動前的你有多糟糕？
5. 運動後的你變得有多好？

寫下這些故事不僅能幫助正處低潮的人成長，也在幫助你療癒自己，是一種很棒的體驗，分享出去後你還會發現，沒沒無聞的你竟然擁有那麼大的影響力。

你如何在人生中反敗為勝的故事，就是你個人品牌的基石。相信我，你的努力值得被認同、值得被看見，因為你的故事，就是別人最好的知識。

4-3 個人品牌經營的三大錯誤思維

很多教練在經營個人品牌時，常常會有以下類似的盲點：

「我粉專要先放很多資料，再邀請人進來看。」

「等我專業再好一點，再開始經營自己會更有效。」

即便我總是鼓勵教練們經營個人品牌，盡早開始發文、記錄自己的工作心得，但真正實踐的人其實很少。

總而言之，多數教練在經營個人品牌時，有以下幾個常見的錯誤思維。

過度要求完美

據我觀察，多數教練都會卡在「過度要求完美」這一關。其實，社群經營最重要的部分不是表現完美，而是呈現成長。

關注你的人，喜歡看你一步一步成長，這是成就粉絲的方式，一直關注的人成長了，他們也會獲得成就感。

以經典漫畫《七龍珠》為例子：主角悟空從剛開始的戰鬥力只有二，到中期戰鬥力百萬到後期無以計算，這樣的成長，會讓我們一直想看未來的悟空能有多強。

我們以臉書、部落格……等平台經營個人品牌最重要的一部分，就是讓讀者跟著我們一起成長。

買粉絲，買流量

教練需要的是學員，而不是大量的粉絲。

根據行銷大師賽斯．高汀（Seth Godin）的「部落理論」，只要一千個鐵粉就足以讓你比蔡依林紅，因為那一千個鐵粉會是你的高級業務員。

如果需要滿足教練的收入，你必須有多少「鐵粉」呢？兩百個？三百個？（「鐵粉」的定義：續約三次以上，且有跟著你訓練一年以上的打算。）

呃，十二位鐵粉足矣……。這十二位學員只要每個月上八堂課，一年已可以上九十六堂。

所以我們的功課不是累積大量粉絲，而是經營與粉絲的深度關係，持續發文，線上線下經營自己，才是長久不敗之計。

為什麼有些自由教練不用經營社群也有一堆學員？就是因為這些教練線下社群的社交能力強大、專業能力和服務能力都夠，所以學員願意一直跟著他，即便教練離開本來的公司也會死心塌地的跟著他。

市場的趨勢告訴我們，讓自己收入跨級別的技能是溝通、傾聽，而不只是專業。不理會趨勢的人，終將被市場淘汰。

只經營ＩＧ（Instagram）

ＩＧ轉單率較低，這在社群裡已是顯學，但多數教練並不太清楚這件事情，ＩＧ不是拿來成交客戶的，而是應用來經營自己的品牌形象。

多數人沒有在ＩＧ消費的習慣，所以我們只能在發文內告知，或是在限時動態上附上連結——前提是潛在顧客的購買意願極強，不然多數時間你只是在向空氣喊話。

比較好的作法，是同時經營ＩＧ和臉書平台。

臉書有很多社團都可以幫助我們做流量套利（其實就是在社團人數多且較符合我們受眾的相關社團發文），當然了，你的發文要有含金量，如果文章內容不好，就會和廣告一樣被略過再略過。

在這個全民自媒體的時代，連專業頂級的肌力與體能教練何立安老師都認真經營自媒體了，何況專業普通、人氣一般的我們呢？

要讓自己的專業被看到，就要在手機上先被看到。

4-4 經營個人品牌的三大必勝策略

在這個「會呼吸就能當教練」的時代，光靠專業已不足以讓自己的努力被看到——因為消費者不一定能區分什麼是專業。

網紅教練當道，不想讓自己的鋒芒被遮蔽的話，你必須今天就開始做以下這三件事：

發文（內容行銷）

什麼樣的內容大家都會想看？

城邦媒體集團首席執行長何飛鵬說過：「文章要有人看就兩個方向，一個是有用，一個是有趣。」

由此觀之，教練顏質高、肌肉多的照片應該算是「有趣」；文章要專業到讓人覺得「有用」，就應該包含了：

1. 運動知識分享
2. 解決運動疑慮
3. 個案分享

有用的文章需要有人願意專心閱讀，所以瀏覽率不會贏過有趣的文章，但是，要吸引人花錢付費、找你學習，產出「有用」的文章來解決讀者對運動的疑慮卻勢在必行。

另外，發文要讓人想看，就必須搭配好的圖片和標題。

好標題的例子：

• 為什麼百分之八十七的人深蹲都做錯了呢？
• 上健身房前你一定要知道的五件事情！
• 健身教練不告訴你的三個增肌秘密！

除了最前面的好標題，最後面的結尾再用個金句或好哏：

- 健身就是生在富裕國家，卻吃得像難民一樣。
- 聽說健身的人薪水比沒健身的人高百分之五十，希望未來加薪時，你也有一份。

讀者不一定會記得你的內容，但他會記得你用心寫給他看的金句，因為這等於幫他整理了這篇文章的精華。

私訊

有人說，當你在社群媒體發表過一百篇相關領域的文章，對某些人來說，你就不只是專業，甚至會被當作是權威人士，白話點說，你已經圈粉了。

來到這個境界後，你就可以主動私訊現實中不認識，卻主動加你臉書的好友。如果對方平常有在看你的文章的話，你的主動會讓對方很開心（像粉絲見面會般的小確幸）。

不過，如果平常沒發文，不曾在網路上建立信任感，你就主動私訊網友的話，會發生什麼事情呢？

下場只有一個：已讀不回加封鎖。

成交（邀約體驗或購買課程）

一百個讚不如一則留言，一百則留言不如一個成交。

社群上的每一個好友都是我們的資產，可能是我們的潛在客戶，也可能是願意幫我們推廣的得力助手，正因如此，所以現在才會有「流量變現」、「人脈變現」或「人脈就是錢脈」等說法。

說到底，只要是有機會來上課的人，都是我們最寶貴的資產，資產能否變現，有兩個重要的因素：

1. 你有沒有持續分享有趣、有用的內容。
2. 你有沒有適時回應留言和以私訊回答他們的問題。

總之，你得做到讓讀者產生一種結論：你的免費內容都能做得這麼好，付費產品一定棒到無懈可擊。

但這需要時間累積，不太可能一蹴而就。

當喜歡你的人越來越多時，就可以開始寫自己的業配文，別忘了，寫完後要附上課程購買連結，可以用 Google 表單或一頁式銷售頁，最少也要請對方留言或者主動私訊你，順利的話，你的生意就會越來越好做了。

自媒體大師蓋瑞・范納洽（Gary Vee）說：「這個時代，你沒有在用社群媒體，就等於不存在這個世界上。」

記得：你不用很厲害才能夠開始，你要先開始才能夠很、厲、害！

一千個想法，不如一個行動，你準備開始行動了嗎？

4-5 會話術不代表會銷售

很多教練都有這樣的疑惑：「為什麼我一直苦練話術，銷售卻沒有明顯變強呢？」

健身教練工作上的一個常見迷思，就是以為「如果要增強自己的銷售能力，唯一途徑就是鍛鍊話術。」

沒錯，乍看之下，只要教練話術夠強，讓客戶無法反駁你，成交的機會就很大，商業健身房每天下午都要做的演練，更是針對客戶提出的問題，不斷想出反駁方式來讓客戶閉嘴買單。

但是，你真的覺得能說善道就夠了嗎？如果話術那麼有用的話，健身房的教練流動率就不會那麼高了。

那麼問題出在哪呢？

先聲明，查德不是反對話術演練，只是認為「話術」要搭配教練的個性做些微調，簡單說，如果某些話術你講起來怪怪的，那就說明了這話術不適合你，即使違背心性照用不誤，客戶也根本不會買單！

但是，你的主管明明用了就有效呀，怎麼會這樣？答案是：話術不是騙術，如果言談內容不誠懇，當然沒有辦法發揮說服的力量。

那麼，我們要如何講話更誠懇呢？查德認為共有五個關鍵點：肢體語言、聲調、情緒、反應，以及話術的熟練度。

前四點做到位，話語給人的信任感就會大幅度提升，舉例來說，布萊德彼特（Brad Pitt）在講電影台詞時有如身歷其境，原因就是這五點的拿捏到位。

以下簡短解釋這五點的小訣竅：

肢體語言

好的肢體語言就像神奇的開關，能啟發對方的鏡像神經元、卸下對方心防，讓他對你的好感度節節升高。

肢體語言的關鍵，則在於保持開放式的身體姿勢，雙手不要抱胸也不要插腰，因為那都會降低你給人的信任感。

研究顯示，溝通時，如果眼神接觸的時間低於百分之七十，對方就很難與你建立信任感，所以在跟學員溝通時，一定要看著對方，但是，如果一直看著眼睛會像在瞪對方，所以大部分時間裡眼光最好朝著對方人中或眉心的位置，就不會令人尷尬，又可以讓對方感覺到你很重視他。

聲調

這裡講的聲調，不是唱歌好聽的那種聲調，而是「展現誠意」的聲調。講話時身體前傾，手放在你的心窩前面，再試著用胸部發聲，你會發現，你講話的誠意大大提升（有點類似告白的感覺，但千萬不要拿來亂騙人）。

情緒

曾經有許多研究顯示，正面情緒能提升心理素質、人際關係和溝通能力，特別是在人與人連結度高的健身行業，重要性就更高了！心情好可以感染周邊的人，讓好事降臨你身上。

正面情緒，可以引發你百分之兩百的潛力。那怎麼創造正面情緒呢？最簡單有效的做法，就是起床時花五至十分鐘冥想，這就類似招來一台情緒垃圾車，一口氣幫你把腦中的髒東西倒乾淨唷！

反應

正確的反應，是處理客戶反對問題時最重要的一點。聽到對方的回答時，快速在腦中思索出相對策略，同時使用正確的肢體語言、語調、情緒來回應，這是五點中最難鍛鍊的一部分，但若克服的話，你的銷售能力就會像開外掛般瘋狂升級！

改進之道：多嘗試需要高度手眼互動協調的運動，如拳擊、桌球、羽毛球等，反對話術的練習只是其中一環，提升反應力才是關鍵。

話術

與其說是話術，不如說是創造你的溝通腳本，你介紹課程的方式一定要能符合你的個性，而不是只想要用話術說服對方。

話術的練習很簡單，只要用你的話寫下自己的版本，持續練習、持續朗誦，講出來的話就會帶有感情。如果公司官方的話術不適合你，練習再多次也還是怪。

銷售能力是溝通、專業、服務、開發和情緒等能力的加總。想增加銷售能力，就要和做重量訓練一樣一週練習三次以上，並在生活中持續應用、微調，最終才會反應到自己的業績上。

請記得：專業讓你稱職，銷售才能讓你被學員認同。

4-6 好教練的五條「好品牌」公式

在健身產業中，「當個好教練」無疑是大家都很在乎的事情。但你知道嗎？好教練該是全方位的，不是單方面只有會員認為你是好教練，你就是個好教練。服務好會員、顧好專業本就是好教練的基本功，拿這些來說嘴，業內的人只會覺得你是菜鳥。

知名品牌「提提研」的老闆李昆霖認為：

好品牌＝核心價值＋通路＋溝通＋包裝＋產品品質

健身教練經營的正是自己的個人品牌，所以如果把這公式套用在「好教練」上的話，就是：

好教練＝願景＋教學＋溝通＋形象＋服務品質

以下容我一項一項簡單說明。

好教練的願景——做教練工作的初衷

以查德的專長領域，台灣健身拳擊訓練師來說，這個願景就是互動、樂趣、熱情，所有的教學都要以此為基石，因為這是教學能量的起源。

這也能用一句金句來形容：「讓專業被看見，讓努力被認同。」

好教練的教學——教練的核心技術

在私人教練圈裡，「教學」是長期被低估的技能。

團課教練有清楚的口令、節奏、氣氛訓練，但很多人總以為，有證照就能當個私人教練，真的是這樣嗎？

健身教學涵蓋了：傾聽、找出關鍵需求、解決痛點、互動、關心、肢體語言和動作調整。但你知道嗎？其實有大部分的教練只關注動作調整，卻忽略了一件事——關心學員。

我們的學員是人，不是冷冰冰的機器人，但在關心動作品質前，我們有先關心學員的情緒、心靈、體能狀況嗎？

《有錢人想的和你不一樣》（*Secrets of the Millionaire Mind*）的作者哈福・艾克（T. Har Eker）說：「想法創造感覺，感覺創造行動。」

沒有好的感覺，學員很難建立運動習慣；學員的好感覺，則是好教練的責任。

好教練的溝通——讓專業被看到

千萬講師憲哥說：「專業要建立在通俗的語言上。」意思就是說，教練要用學員聽得懂的人話去溝通。

如果學員是數學老師，我們在解說專業和週期性規劃時，由初階到困難，就可以用對方的語言去解釋：

基礎期：可以用九九乘法來解釋神經傳導期。

強化期：可以用二元一次方程式來解釋肌肥大和自由重量。

維持期：可以用微積分來解釋高階的功能性訓練和最大肌力週期。

新進教練常覺得某些會員「不尊重專業」，但我們有沒有思考過，我們講的話對方聽得入耳嗎？

溝通最重要的是解決對方的需求，並且講重點！溝通如果沒重點、沒邏輯，就是浪費彼此的時間。對方之所以不尊重我們，是不是代表我們的溝通方式對方聽不懂，所以就不想聽了呢？

溝通是一門藝術，「師者」若不會溝通，要怎麼「傳道、授業、解惑」呢？

好教練的形象——五感銷售

這裡的「五感」，是指顏值＋服裝＋氣味＋語調＋感覺。

服裝、儀容、頭髮要乾淨整齊、鬍子要刮、衣服不能有汗臭味……，這些都很基本，卻會影響新學員對你的第一印象，另外，如果可以的話，花一點時間研究香水。

為什麼呢？因為嗅覺的影響力其實比我們想像的還要強大，可以幫我們顯現出個人特質，定位我們的形象。

如果學員喜歡你的氣味，記得讓他們每次上課時都可以嗅聞到這樣的香味，最後他就會「上癮」，不知不覺就很想上你的課。

當然了，香水適量就好，噴過頭的話，聞起來會像廁所用了過多的明星花露水，那就噁心了。

好教練的服務品質——必殺技

這就不用我多說了，專業進修、上課準時、課後附加價值、課後服務等，都是好教練基本功之中的基本。

即使前面四大公式你都做到了，單是最後這一項服務品質做得糟糕就會讓你跌落神壇，而且摔得鼻青臉腫。

另外，好教練不會天天把「我是好教練」掛在嘴邊，只有平庸的教練才會說自己是好教練。

最後要提醒你，就算ＡＩ、魔鏡等高科技已經慢慢滲透健身產業，標準不高、技能平庸的教練遲早會被科技取代，但唯有人性不會被科技取代。努力實踐以上五條公式，是讓我們能夠增加能見度的關鍵，只要持之以恆，相信你一定可以「讓專業被看到，讓努力被認同」。

4-7 你那麼專業，為什麼客人不買你的教練課？

不會問問題，永遠無法脫離鬼打牆。

小D教練是個正能量比《航海王》魯夫還高的體大畢業生，每天打兩百到三百通電話都不喊累，熱情像用不完似的與每位會員寒暄，還願意花上三小時準備學生的課表，然而讓人很遺憾的是，小D的成績總是差強人意。

沒有提問，就沒有溫度

仔細看了小D準備的課程，我發現整體塞滿了循環體能訓練，而且訓練中安排的休息時間很短，只有約十到三十分鐘，常把學員操到在重訓區嘔吐，經過的人還以為那個學員是前一晚喝茫了。

經過小D的「精實訓練法」後，學員往往要身心靈休息很多天才敢再來上課，不用說，這也讓小D的上課數一直衝不起來。

除此之外，每一次教課時，小D都把重點擺在完整跑完設定好的課表，雖然學員完成了，動作調整細節也顧得很好，但結束二十四堂課的時候，學員卻幾乎都會對他說：「教練，你教得真的很好，但我要先消化一下之前的課程內容，之後有需要一定找你！」

如果你是小D的話，可能會這樣想：「為什麼不續約？我這麼認真備課！」小D做錯了什麼呢？其實他的作法沒有錯，但裡頭少了「溫度」。那教學時小D該怎麼增加溫度呢？答案是「提問」。

教練教學時，少了提問就代表你不怎麼關心學員，少了關心就缺了溫暖及互動，再專業也沒辦法讓學員死心塌地跟著你。

教練的服務對象是人，而每個人都需要被關心、被鼓勵，不過，光是明白這一點還不夠，你還要能打動人心、感動人心，也就是找到學員最深層的需求，才能讓學員想跟你一直上課到動不了的那一天。

那到底該怎麼提問呢？問句有非常多種，在查德開的銷售課「私人教練銷售攻略」裡，很常使用的法門有三種：假設問法、二選一提問法和深度詢問法，這三個提問技巧能夠分別幫助我們：

一、延續聊天話題（避免冷場）。

二、確認購買意願（如果不買就不要逼他）。

三、克服反對問題（腦袋再也不打結）。

以下，查德分享幾個案例給你參考：

問句1：假設問法

教練：「你剛剛說要瘦六公斤，想花多久時間達成呢？是三個月，還是半年？」

很多提問之所以讓人難接話，是缺少了假設性的問法，變得像警察拷問犯人，所以多接假設的問句，就可以避免談話卡住。

問句2：二選一提問法

教練：「因為你一週只能來練兩次，又想快點有效果，如果請你做適當的飲食控制或增加一次自主訓練的時間，這樣OK嗎？」

用提供選擇的方式詢問，使自己能夠掌控好對話。

問句3：深度詢問法（找出客戶深層需求）

教練：「你剛剛說想要瘦下半身和肚子，那請問重點是屁股、大腿、小腿，還是肚子呢？因為時間有限，如果先針對二至三個部位加強的話，要先以哪個為主？」

學員：「先肚子和屁股好了。因為我覺得這兩個地方肥肉好多！」

一定要問清楚學員的需要，以及他最擔心的是什麼，是怕沒效果？怕受傷？怕自己沒毅力？

要不然，你自己準備得要死要活，最後拿出來的很可能都不是客人要的東西，不是浪費時間，賠了夫人又折兵嗎？

問對問題，才能事半功倍！「智者問的巧，愚者問的笨。人力勝天工，只在每事問。」如果不懂得問問題，只知道埋頭苦幹，最後就是做到死也看不到好成果，正符合這句話的形容：「人生百忌，忌不問；不問就亂做，累死你自己。」

4-8 比專業更重要的事——開發與經營學員關係

在一間凌亂的辦公室裡，一群穿著後背印有「私人教練」LOGO的教練們，正坐在位子前不停地做電話開發。

「不需要！上次不是說過不要再打電話來了嗎！」電話裡的男子怒吼著說。

「抱歉、抱歉，我馬上幫你備註，以後不會再打了，不好意思。」教練小B趕緊說。

掛下電話後，小B看著滿滿都是字、備註寫得亂七八糟的電話名單，禁不住嘆了一口氣，心想：「唉！難道當教練就一定要打這種課程邀約電話嗎？真痛苦！」

牆壁上的時鐘顯示，時間已是下午三點半，也就是說，他光是打這一百通電話就花掉了三小時——卻只約到一個體驗。

距離後天的活動日還差四個預約，而且再過三十分鐘後就要連續上四堂課，快沒時間了，怎麼辦？怎麼辦？

親愛的教練們，小B的處境是不是跟你有點像呢？別難過，其實多數教練遇到的問題都大致如此：

「電話名單都打到爛掉了，打過去不是一接就掛，就是根本不接。」

「現場開發會員都態度很差，要理不理的。」

「好的客人都給資深教練了，主管的資源分配很不公平。」

開發客戶，本就是每個教練一定會遇到的挑戰，查德提供兩個方向供教練們參考：

現場（Floor）開發提升破冰技巧

早期的健身房，教練是從現場指導、簡單的清潔服務開始做起，一陣子後才接觸學員。

那時銷售流程拉得比較長，新會員不會一入會就被推銷課程，所以進場運動後對教練的觀感比如今好得多，但現在因為銷售流程很短，所以如果會員入會當下沒購買課程，往往就會被強勢推銷，造成他們在現場運動時對教練有防備心。

要是當天健身房的營運績效不好，教練就會被主管要求在現場尋找可以推課程的會員，如果教練本身的破冰技巧不佳，又經常被人看到在現場尋找獵物，久而久之會員來運動時不僅有壓力，也會對這些教練很反感。

這種歪風吹久了，現場的互動就會變這樣：

教練：「嗨！你好，我是小B教練，能不能給你幾個運動的小建議呢！」

會員（驚嚇）：「不要！我不需要建議！」然後馬上換到其他地方運動。

教練：「不用怕啦！我只是要跟你說，做臥推要用保險扣，不然壓到脖子會很危險！」

萬一你所待的健身房氛圍就像這樣，會員已經對不少教練感到反感，你自己就必須變成「例外」，讓會員不會想和你玩躲貓貓。你該怎麼做呢？

查德的建議是，從打招呼開始。

只要你還在健身房裡，每一分鐘都要對所有跟你有眼神接觸的人打招呼（當然包括會員，但也別漏掉同事）。長久以來，本來和你有點距離的會員，在打過兩到三次招呼後，也就不會對你有排斥感了，接著再和最有影響力的會員建立好關係，你的好名聲就能慢慢傳播出去，大多數會員都會覺得你跟別的教練不一樣。

這種作法確實需要長期累積，但只要能持續一週以上，效果就會慢慢顯現出來，讓你在館內開發客戶越來越容易——因為沒有太多教練願意這樣做，肯花功夫的你就自然會成為「例外」。

最重要的一點——建立客戶名單

花點時間分類好客戶名單：潛在客戶（還沒買課）、鐵咖（上完課就會買）、大咖（你的VIP）。

只要十五個PT學員每週上兩次，一個月你就能上一百二十堂教練課，難處是要持續培養及篩選客戶，才有機會做到這個程度。

清楚了解自己的客群，找出跟你調性最合的會員，從你的私教學員資料發掘，絕對可以抓個八九不離十。

假如你的學生裡，十五個私教學員有十個是中年男性，這就表示你在新客開發時要從這類族群（簡稱為「利基市場」或「受眾TA」）下手，才不會浪費你的時間，成功機率也高得多。

大部分教練之所以在開發新客上屢戰屢敗，都是因為沒先搞清楚自己適合什麼族群的客人，只會亂槍打鳥，最後鳥兒都飛得不見蹤影。

假如你認識的人還太少，不必懷疑，你得從我建議的第一個要點做現場開發，不嫌勞累的持續更新聯絡狀況。

健身產業是服務業，服務業的本質就是使人開心、提供有價值的服務。我相信，未來只有一種教練——懂人心、有同理心的教練——即使在ＡＩ時代到來時都不會被取代。

4-9 正確傾聽心聲，才能幫助學員成長

很多教練的共同煩惱，是如何讓自己的業績穩定，但查德認為，穩定業績前你應該要先知道「客人在想什麼」。

所以，我們就來談談「傾聽」吧。

動作一百分，結果卻零分？

教練最常見的抱怨，就是討厭公司要他們做業績，感覺不被尊重。

我還是菜鳥教練的時候，心思也很單純：「把課教好就好。」但是經過一段時間的歷練後，我開始思索「把課教好」背後的道理——我是可以調整好學員的每個動作，但學員動作做到百分之百準確，就一定會有效果嗎？

舉例來說，每個健身項目——舉重、健力、健美、體適能的深蹲動作，都有各

派不同的觀點，也都有其特色及需求性，過度在乎動作的品質，很容易忽略了強度。

新教練尤其容易掉入這個盲點，總覺得學員動作不夠穩定，所以永遠都在固定式器材上訓練學員，或上了十堂課還在讓學員徒手深蹲。

會員不是來學當教練的，正確來說，高達八成的學員只想藉此瘦身，只是把他的動作調整到教練的水準（除非這個學員真的志在當教練），卻不給予適當的強度，根本無法滿足客人的需求，你也因此只會得到一個下場——失去這個學員。

在健身產業打拚了十二年後，查德真心認為「把課教好就好」是個不負責任的態度，只在滿足自己教學上的情緒需求，講白話點，只是想自己爽而已。

這種態度既對不起自己的職業、對不起自己的工作，尤其對不起自己的客人。

容我再強調一次，健身教練從事的是服務業，而好的教學才是好的服務，要讓你的教學擔得起這個「好」字，就必須在乎學員是否成長、是否有進步，除了讓他的動作更正確，他的外型、體能也都要變好，而且對運動更有熱情。

如果一個教練只會調整動作，但連一張學生進步的成果照都秀不出來，那麼你離真正的專業就跟台灣到北極一樣遠。

因此，教學的安排一定要符合學員的「需求」，也就是因材施教。

如果一個體重超標的女性萬分想瘦下來，你卻一直灌輸她「三大舉都要突破一．五倍體重」，結果就是在她的脂肪下又增加了肌肉量，她絕對不可能滿意。別把你的訓練價值觀套用在學員身上，如果你是，趕快調整吧！

先給「想要」，再給「需要」

很多教練的業績之所以不穩定，就是沒把客戶的需要放在心上。從上課前、上課中到上課後，好教練有很多功課要做，包括：固定與學員溝通訓練規劃、建立好聯繫紀錄的細節、定期追蹤關心學員、研判是否達成當初承諾的目標，如果沒有做好這些細節工作，你一輩子都別想有穩定的業績。

看到這你可能會想：「我知道啦，就是巴結學員嘛！」

錯了，傾聽不代表要巴結。

一個五十公斤的女生，開口說一個月要瘦十公斤，明顯是個不合理的目標，這時教練就要好好溝通，搭配正確的提問方式，引導到教練與學員雙贏的結果。

「增肌減脂」是學員最常見的需求，高品質動作、自身體重兩到三倍的硬舉是教練的需求，千萬別把這兩種需求混為一談。先給學員「想要」的，再引導給他身體「需要」的，他當然就會認同你這個教練。

《通往財富自由之路》的作者李笑來說過一句話：「沒有產出的教育訓練是沒用的。」

私人教練課的「產出」，可能是學員訓練前後的 InBody 數值進步，或身材對照照片；可能是上課前跑步機速度九只能跑十分鐘，現在可以跑三十分鐘；可能是腰圍從三十吋花了半年瘦成二十五吋；當然也可能是深蹲重量從徒手十二下變成四十公斤做十二下。

動作品質固然重要，但不是訓練的一切。拳王阿里的出拳在拳擊裡不是最高標準，但是他可以揍趴世界上百分之九十九．九的人。

已故的武術大神李小龍說過一段話：「旁觀是不夠的，一定要去做；學習是不夠的，一定要運用。」

同理對照，在健身產業，飽讀書籍、言之有物不見得有用，「學員的成長」才是教練的成功之道。

4-10 學會追蹤客戶，你就無往不利

小C是一個超級辣妹教練，在一家大型連鎖健身房工作，好一段時間裡，每個月的業績都是全國第一，不只小C覺得自己強到無可撼動，長官也覺得她前途無量。

果然，小C很快就獲得升官的機會，調職去一間開店近十年的老店救火，但是，走馬上任的第一天小C就感到不對勁。

「好教練」的美麗與哀愁

小C最擅長的是新會員的銷售，但在調查了一些資料後，她發現在她到任的前半年，這家店每個月平均只招收到三十位新會員，最近一週更只有三個新會員加入健身房，而且，所謂的新會員只是把舊的會員洗成重新入會而已——也就是說，實

際入會人數是零。

小C立刻陷入恐慌，因為她發現，自己跳入了一個火坑！

小C馬上撥電話給直屬上司：「長官，你怎麼把我調來都沒新會員的店，我這要怎麼做？」

長官不但毫不同情，更瞬間怒火燒到天靈蓋：「公司派你過去，就是要你去救火，如果你不想幹，還有一堆人搶著坐你的位子呢！好好盡你的本份！」一說完就掛掉電話。

小C的一顆心剎那間彷彿墜入了冰庫，經驗告訴她，原本的鴻圖大展，很快就要變成窮困潦倒了。

她的預感是對的——兩個月後，小C就因「績效不佳」而被降職，不僅過往朝思暮想的主管夢破碎，連以往的第一名也無力奪回了。

怎麼會這樣呢？這是因為八成有好業績的教練，都是利用公司資源做到的，如果一家店的新資源流量降低，自然就會造成每個教練能拿到的資源量變少，開發能力低的教練就會抱怨主管資源分配不公，最後選擇離開。

業績稍好的教練，則有個美麗的誤會：「我的成績都是自己努力得來的。」眼看公司營運不佳，有些人就選擇辭職走人、自行開店，然而，故事的走向大多也還是悲劇收場，不是很快倒閉，就是慢慢吃光老本甚至欠下一屁股債，只好默默回去健身房當教練。

這一類的慘劇，沒多久就會在健身業上演一次。教練們應該吸取的教訓是：開發新客戶其實比銷售新課程更難得多，其實是很深的一門學問。

勤能補拙，用關心取得信任

教練要怎麼做好客戶開發呢？

前文已經建議過大家怎麼認識新客人及做學員分類了，因此，本文想提供給你參考的，就是認識新客人之後的關鍵下一步——建立客戶名單、持續追蹤，直到客戶成為我們的付費學員為止。

你的客戶名單決定你的收入，當然必須詳實記載，姓名、聯絡方式、年齡這些基本資訊不用說，營運稍上軌道的公司都有系統性的紀錄，你收集的資料必須更進一步，尤其是大多數教練常常會忽略的地方，例如記錄對方的健身目標，以及上次你們聊天時的談話內容。

如何再追蹤潛在客戶？這又是另一門易學難精的學問。

一間大型健身房通常有三千位以上的會員，小型的也有五百位起跳，我們根本不可能用腦袋記住所有會員的狀況，所以你一定要勤快，當天就記錄對方和你聊天的種種，寫在筆記本裡或打在 Excel 表格裡都可以。有了這些紀錄，下次我們要用電話或通訊軟體追蹤時，才會有好的話題可以切入，要不然每次都只能用「最近運動狀況還好嗎？」當開場白，而對方也只會跟你說「還好」，讓你不知道回什麼，他也不會再回覆了。

如果你有記下之前的對話內容，也許就可以問他：

「上次你說做棒式時腰會酸，最近練的時候腰還會不舒服嗎？」

「之前教你的三個臀部動作，最近還有複習嗎？」

「最近好像很少看到你來健身房，那在家有沒有自己練習呢？」

以關心的角度提起之前聊天過的細節，對方回話的機率就會提高，這有賴良好的會員聊天紀錄，而不是像很多教練那樣總是依賴臨場反應。你的細心記錄代表關心，而「關心」正是取得信任感的最重要步驟。

累積、跟進、記錄、分析

累積了夠多客戶資料庫之後，接下來就要做「族群分析」。以查德自己經營客戶為例，多數的學員是教練，其中七至八成是二十五歲以下的男性，女性只佔少數。所以我很清楚客戶結構、到哪裡找新客戶，即使公司資源不多，我還是可以透過社群媒體和過去的資料分析找到潛在客戶，大大提高了銷售機率。

這樣的客戶開發需要累積，累積越多，也就是認識的人越多，業績就會越來越好做，有一天你會發現，做業績就會和呼吸一樣輕鬆。反之，沒有持續「累積、跟進、記錄」，做業績時就會難如登天。

就從今天起，時時刻刻去認識新朋友、養成開發記錄的好習慣吧！希望未來在你呼吸時，也同時把業績吸進來！

4-11 挑戰難關，別在該奮鬥時選擇安逸！

這是個人影響力即將贏過小公司的年代，也就是說，未來教練們只有兩條路可走——經營個人品牌，或者往大公司靠攏。

在這全民都是自媒體的時代，行銷業早已跑在前頭，作家、講師也都已跟上，教練們如果還不懂得經營自己，就錯過了這時代的紅利。

每個人都有十五分鐘成名的機會

行銷大神賽斯．高汀分享過一個「部落理論」，大意是說，每個人心中都有一個思想，只是不知如何表達，需要有人講出他們說不出口的話，而能夠代為發聲的人，就是這個「部落」的領袖，通常也稱為關鍵意見領袖「ＫＯＬ」，也就是俗稱的「網紅」。

既然每一個人都能成為領袖，為他人發聲，那屬於你的中心思想是什麼呢？

查德一直提倡，健身教練除了專業進修，更要學習行銷、溝通、情緒管理、教學技術……等，讓自己走向通才之路，讓自己一步一步成為心中最強的自己，這就是查德個人品牌的中心思想，中心思想發揮到極致，就容易被人看到。

但也正如普普藝術大師安迪．沃荷（Andy Warhol）的那一句名言：「這個時代，每個人都有十五分鐘成名的機會。」機會看似很多，但用統計學來看的話，以八十歲年壽而言，人類的一生大約可以活四千兩百萬分鐘，區區十五分鐘只佔百分之〇．〇〇〇〇三七，機率低於十萬分之一。

機會雖小，但如果不抓緊打拚，很可能這十五分鐘就會從你生命中徹底消失。

我知道你可能會想：「我不會寫文章、拍影片呀！」、「我個性比較謹慎內向，不喜歡曝光！」

寫文章、拍影片誰都學得會，就連勇敢向這個世界展現自己，也可以當作人生課題來學習。但如果你確定自己喜歡平實無華的人生，就老老實實地待在大公司吧！

大型健身房的區經理、副總級，年薪相信沒有千萬也有個幾百萬，經理級年薪破兩百萬也只是基本盤，當然，那可不是幾百個十五分鐘就能攻頂的目標，你得卡位卡得夠早、卡得夠久，還要一路辛苦練功升級，才可能有機會。

幸福的背後，總潛藏著危機

我們當教練的，過去要有前途只能投身大型健身房，如今呢？這可能是幸福，但也更可能是危機，半數以上的教練都對大型健身房敬而遠之。

不願意選擇大型健身房的理由約莫就這三種：

「我不想被逼迫做業績！」

「我不想天天加班！」

「我不想強迫我的會員買課！」

然而，聰明的你也一定發現了一件事情——你不逼迫自己向前行，生活的壓力就會讓你喘不過氣來。

十一年前，大C和我在飯店健身房一起奮鬥，當我決定去某健身房上班時，他一直酸我「你要做業務教練了！」他自己則選了個不用做業績的健身房舒爽過日子；十一年後，當我一小時收入破萬時，大C卻得拜託房東讓他晚幾天付房租。

「該奮鬥時，千萬別選擇安逸。」這絕不是在誇大，而是一個鐵錚錚的真理，只圖眼前的安逸，有一天，當你回首過往、後悔不已時，再想奮鬥也為時已晚。

4-12 與其努力說服，不如順勢引導

聽過「80／20法則」嗎？

就努力來說，所有的結果來自於兩成的努力。

剛當教練時，我總覺得「80／20法則」是一個屁話，老是存有那麼一個認為「天道酬勤」的傻勁，相信每一分努力都一定會有它的成果。

然而，現實卻賞了我一個大巴掌。剛開始在健身房工作時，有一天，我的努力終於讓我邀請到七個體驗課學員，然而當我報完價時，這七位客人不約而同用同樣的說法、同樣的理由來回絕我：

「我要考慮一下，先回去看一下我的時間和預算。」

那時我便心生警覺：我一定做錯了什麼事情，要不然，怎麼會導致同樣的失敗結果？

少了互動，忘了傾聽

細想之後我才發現，面對客人，為了避免尷尬，我會滔滔不絕地一直講、一直講，總覺得多分享才更專業，卻忘了人與人的「互動」，也就是少了「傾聽」。

從此之後，我開始放下刻板的專業身段，改成先「提問」再「講解」。我會先問：

「嗨，陳大哥您好，來健身房運動有什麼訓練目標嗎？想要練壯？還是想瘦身？」

「原來您之前沒有加入過健身房？那您自己在訓練上有想要先達成什麼目標嗎？」

「了解，想要健康就好嗎？那你覺得怎樣才算健康呢？是身體不會腰痠背痛，還是體力變好、工作不會累呢？」

試著少講解、多詢問對方的需求後，神奇的事情發生了——原本每帶十個學員體驗只有一、兩個會跟我上課，後來提升到了六、七個。

即便如此，我心裡還是很不踏實：「講解這麼少，真的好嗎？」陷入了所謂的

「冒牌者症候群」。

後來又做了一些調整，才發現另一件事：講課和一對一教學其實不太一樣。講課需要清楚解說原理、架構，舉案例讓學員明白；一對一要求的，則是引導學員解決「當下的痛點」。

所謂的「溝通」，你真懂嗎？

我們說「當下的痛點」，指的是一些運動常見的問題：臀部不會發力，做棒式腰會痛，跑步膝蓋會痛……。

你遇到的客人，並不覺得他自己有問題？心理學有個形容叫：「我不知道！我不知道！」說的就是這種「沒有自覺」的狀況。

想弄清楚學員「當下的痛點」，可以用提問來引導對方察覺自己的身體狀況，或者用拍照、錄影的方式來講解：「有沒有發現你有高低肩？」「你好像有長短腳呢？」

使用問句讓對方把專注力放在需要改善、可以改善的部位，用對方的實際狀況說服他自己，才是溝通的最高境界。而且，這種引導方式不只可以拿來面對學員，就連在家裡與另一半溝通時都很好用。

所謂的溝通，就是打破彼此的鴻溝，我們的心才會互通，你學會了嗎？

4-13 面對失業，我選擇了在咖啡廳創業

寫這篇文章時，是我創業後的第一百七十九天。

二〇一九年一月三十一日，前東家無預警關閉四家店，前老闆突然對我說：「你就做到今天吧！」嚇得我差點就要尿褲子了，但我沒有那麼多心思去安撫自己的情緒，我當下只有一個想法：沒工作了，未來該何去何從？

待業期間，即便獲得了不下二十個工作邀約，但待遇沒有一個比得上前東家，不是「每月底薪五萬，但基本條件要做三十萬營業額抽一成」，就是「每月底薪六萬顧問職，但自己開辦的培訓課程要讓該公司分帳。」

大家都說「換工作就跟換車子一樣要越換越好」，但我怎麼會越換越差呢？後來仔細思考，我當初的職位是高階主管，薪資比多數的健身房好許多，所以，當我面對一個個不如先前的條件時，我的心情就盪到谷底。好險，那時我已經經營個人品牌一陣子了，同時自己的第二個品牌課程「私人教練銷售攻略」也開始招生了。

很幸運的，隔月的月底辦的第一期私人教練銷售攻略，不到兩週就有二十四位學員報名滿班。

一人公司創業的難關

看到自己的培訓課程能夠班班全滿，心中有一個大膽的想法跳了出來：「與其賤賣自己，不如全職經營自己的培訓課程吧。」畢竟人生只活一次，沒有拚一次，還真的不知道自己行不行。

下定決心之後，我工作的地方從健身房換到了咖啡廳。剛開始的第一週覺得很興奮：「我終於開始了夢想中在咖啡廳工作的人生！」但是，一週後我開始比貓頭鷹還孤單。

過去每天喝好幾杯咖啡的我，那時看到拿鐵只有「噁心」兩個字，所以開始變換不同的口味——焦糖瑪奇朵、巧克力摩卡星冰樂、抹茶星冰樂……，每天好幾杯含糖飲料下肚的結果是，體重一度飆到一百公斤。

我看著鏡子裡的自己：「天啊！這肥嘟嘟的是哪位啊？」

就連老婆也嘲笑我：「你是講師呢！就算不教課了，也不能比相撲選手還胖吧？」

我在咖啡廳創業的第一個難關，就是體重橫向發展。

看到這裡，你可能會覺得「時間那麼多，去健身房運動不就好啦？」

問題是，我根本沒有你想像的「那麼多時間」，因為我的第二個難關，就是「工作永遠做不完！」

一人創業最大的難關是什麼？沒錯，為了節省成本，什麼事都得自己來：

- 行動辦公室（要養成在哪都能工作的心態）
- 使用 Excel 記錄潛在客戶名單、社群媒體私訊、電子郵件寄送、寫文發文紀錄
- 定期吸收產業現況、發文素材吸收和製作（一年下來幾乎每天都要做一份簡報）
- 找負責拍照的夥伴（以前有教練夥伴幫忙拍照，現在沒了只能花錢！）
- 尋找場地（要有場地才可以開課啊！）

- 時間管理（這一點最重要，創業後會有一堆牛鬼蛇神跳出來瓜分你的時間，把「請你幫忙」當成合作）

以前豐富的公司資源，現在都沒有了，一切都得從零開始，「時間」更是最大的成本。

自由之後，請先自律

乍看之下我似乎很功利，沒錢的事情都不想做，然而，如果你有每小時產值高達五千元以上的實力，卻在扣除友情、興趣、親情、學習外做低於自己時薪的事情，那就叫「浪費時間」。

自由工作者最忌諱的，就是把時間浪費在沒有意義的社交上。

每天的內容產出，是自由工作者活下去的魚餌，也是一人公司會被眾人眼光聚焦的「精髓」，而內容產出要花多少時間、心力，多數人可看不到也想不到。

比起每一次受到關注，自由工作者更多的時刻是處於默默努力的狀態，除了自律、高標準的產出作品，更要能享受「獨處」，否則我們很容易就會覺得寂寞、孤單、高處不勝寒。

一人公司就是自由，但沒有自律的自由只會有「自爆」的下場。

第五篇

健身房主管的修練之路

5-1 從教練到健身房主管

二〇一五年是我從事教練工作後的第三年，我待的部門突然發生了大變動——教練經理大D被老闆開除，在部門錯愕之際，來了一位身材姣好的女經理鹹蛋姊。

鹹蛋姊做事有如雷神索爾，不只新官上任三把火，而且燒起來不輸三國時代的赤壁之戰。

上任不到一個月，鹹蛋姊就換掉教練副理，這讓團隊人心大快，因為此副理已經長期不適任，卻坐擁公司資源，讓團隊的人早就恨得牙癢癢，我正在佩服她做事快狠準之際，鹹蛋姊竟約談了我，開口就問：「我想要升你當教練副理，不知道你有沒有意願？」

那時我原本打算辭職，去外面做自由教練闖一闖，但是如果有一個新的機會來了，卻選擇放棄，那豈不可惜？我看著鹹蛋姊，只「沉思」了三秒：「好啊！但是做副理要幹嘛？能學到東西嗎？」

鹹蛋姊卻只淡淡地說：「別擔心，做副理要學的東西多到數不完。」

事後印證，果然應驗如神。

教練主管的三個主要工作

教練主管都在幹嘛？最主要的是三個任務：

一、行政報表：數據管理

二、產能會議：透過會議了解團隊

三、教育訓練：培育新手教練上工

接下來，我們就一起來看看這三個任務怎麼讓我「學不完」。

新手主管的必修功課1：行政報表

上任主管後，值班的時候要回報當日的營運報表給區經理，但因為我是個電腦白痴，對我來說就是高難度挑戰，數字常常會打錯，或者項目搞錯，總是被鹹蛋姊釘到「滿臉全豆花」。

但也就是因為這個「行政訓練」，才讓我踏出舒適圈學習不同的事物，不然以前我看到電腦就像有些人看到蟑螂一樣，嚇的驚慌失措。

新手主管的必修功課2：產能會議——開會的技術

以前當教練時，都覺得開會最浪費時間，一當主管，就要學習如何浪費時間……啊！不是，是學會讓人人都重視開會，並且覺得開會有意義。

多數的教練會議都在幹嘛？其實會議的重點就兩個：確認課程預約，公告公司政策。

大部分的教練最討厭主管確認預約狀況，但這卻是主管很重要的工作，就算團隊裡有多達二十位教練，主管也得一個一個確認教練們的預約進度：「你今天有幾個預約？你今天打算做多少業績？」

有預約的還好，最怕是教練沒有客戶預約，又沒有設定今天要做什麼事情，場面就變成主管和教練大眼瞪小眼之外，還要有如市議員質詢市長那樣一來一往：「沒有預約？那你今天要做什麼？打電話做客戶開發？今天要打幾通電話？現場開發？現在現場客人很少，請問你要怎麼開發？」會議一下子變成對質的局面，讓主管心累，教練也尷尬。

後來發現，我必須要讓開會不只有確認預約，更重要的是讓大家覺得開會有其意義，和鹹蛋姊討論後，我就在每天的會議後，安排了二十分鐘左右的教育訓練。

新手主管的必修功課3：教育訓練

「用人不疑，疑人不用」是管理學的鐵則，可惜的是，說起來很容易，做起來卻困難重重，多數時候，在新進學員「一位難求」的狀態下，教練常常就是先求有再求好，讓你很難「用人不疑」。

然而，如果眼前的團隊確實充滿蝦兵蟹將，主管就得「不求即戰力，但求開戰力」。

所以，我每次開會都會花一點時間，教育每一位新進教練幾件事：

- 如何使用 InBody 幫會員測量體脂肪
- 如何使用教練課程諮詢卡，找出體驗課程的需求
- 如何教好每一堂的諮詢體驗課
- 如何在健身房巡場，並與現場會員建立關係

當上主管後，更要認真學習

以上三項必修功課裡，最後一項我覺得尤其重要。教育訓練時間不長，但那區區二十分鐘卻讓團隊創造了凝聚力。以前開會只有被逼業績，現在開會雖然還是會被逼業績，但多了教育訓練，讓大家能彼此交流、互相學習，慢慢形成了團隊的學習文化，正如李笑來老師在《通往財富自由之路》裡所說的：「最好的教育訓練是共同成長。」

這讓我發現，做主管最有趣的事情就是不設限的學習，以前會覺得自己什麼都會，但開始做了主管，才發現原來自己會得很少。

先有學習，你才會越來越有出息，當教練是這樣，當主管更是如此。

5-2 教練主管上任前最重要的兩件事

教練主管上任最重要的兩件事情中，其中之一就是「讓教練、員工願意動起來做事」。

有一次，我去了某家一分鐘收費一元的健身房訓練，當時是下午兩點，現場有近三十位學員在訓練，櫃檯卻擠滿了近六位教練，嘻嘻哈哈的聊著天。

我練了一個小時，那六位教練也差不多聊了一小時。

如果我上班時有一小時空檔，能做的事情真的很多：檢視教學課表、更新客戶名單、追蹤潛在客戶、銷售技能優化、教學技能優化……。

領導團隊的重點，培養善用時間的能力

回想起來，查德過去管理公司的原則，其中很關鍵的一條也正是「絕對不可以

讓員工沒事做」。

沒錯，那六位教練裡可能有四位會說：「那些會員都是沒買教練課的，我幹嘛去免費服務？」

有一位可能會針對某學員說：「他都練那麼壯了，哪會鳥我！」

最後一位不服務的理由可能是：「那幾個會員我們早就試探過了，不可能買課的啦！」

萬年老哏「魔鬼藏在細節裡」不是說著玩的，確實有它的道理，最少我知道，現場會員其實都會注意教練們在做什麼。

猛男就不需要教練的服務嗎？教練們都很清楚，他們也有屬於他們的危機——爆壯的代價，往往是已經有些暗傷，身為教練，那就是你矯正訓練的切入點。

瘦子有瘦子的煩惱，一般來說就是想練壯一點，但很怕買了課沒有效果，才想自己練，這就是你展現親和力與專業的切入點。

你也許最想解決辣妹或型男的煩惱，但他們實在太多人想教了，很難輪得到你，那就讓給別人吧，我相信，你當教練並不是只想教辣妹或型男。

別的不說，光是在現場與會員多做接觸，就已經是「擴展人脈」的最佳機會。

每天試著接觸幾位會員就有如滴水穿石，乍看似乎沒有效果，累積久了，後勁會非常強大。

假設場館有八百位會員，只要你認識其中的兩成，就有了一張一百六十位潛在客戶的名單，分析、篩選之後，再從最欣賞你的開始跟進，大概會有三十至四十位購買可能性很高的人選。

最後只會有一種結果：學生接不完，課程上不完，這便是所謂的「複利效應」。如果你能讓轄下的教練都明白這個道理，他們還會讓自己「閒來無事」嗎？然而，許多教練主管剛上任時，在管理能力還有待磨練的階段，不求努力學習，反而只會抱怨公司政策：

「公司獎金制度太差，教練才不做事。」

「公司資源太少了，才做不到業績！」

「主管的獎金制度對主管很不公平，我為什麼還要帶教練衝業績？」

抱怨始終來自人性，是很多人面臨全新挑戰時的必經過程，畢竟眼前的障礙看似都不是你造成的，抱怨幾句誰也怪不得你，但是，千萬別讓這過程跟著你太久，久到讓你又從主管階層掉回現場教練或甚至工作不保，因為老闆讓你升任主管就是要解決問題，就像電腦遊戲，所有關卡皆有解法，只是你還沒有找到而已——抱怨絕對不是解法之一。

記得，能夠用汗水解決的事情，就別用口水。

見招拆招，讓你管理團隊順風順水

我當主管時學到最重要的兩件事情，另一件就是「兵來將擋，水來土掩」，見招拆招，見人說人話，見鬼說鬼話，見怪人說怪話，才是人生的常態。

有一陣子到一家新公司擔任教練經理，教練團隊當月一日就要報到，但公司突然宣佈開幕時間要延後十日，那中間的空窗期該怎麼辦呢？總不可能讓教練們都在現場發呆、滑手機吧？

老手的我，當然不可能讓他們「閒閒沒事」，馬上找老闆協調，利用辦公室的閒置空間，一連做了七天的新人培訓。

我也曾碰上團課教室淹大水不說，某個上司還趁亂偷吃女員工豆腐，搞得一堆員工不信任公司、想要集體離職，我只能帶著「見招拆招」的心情，一邊安撫每個員工，一邊和老闆據理力爭，直到那位上司被開除後，才總算塵埃落定。

當主管很辛苦，薪水也不一定比你當教練高，但是位居主管一定會更加淬鍊你的觀察力、反應力和行動力，是別人一輩子拿不走的禮物，更是讓我們快速變強的好途徑。

日本漫畫《聖鬥士星矢》裡有一句經典名言：「同樣的招式對聖鬥士是沒有用的。」套用在你身上，同樣的難關對你來說也沒有用，因為你會成為自己人生的「勝鬥士」。

5-3 所謂「領導」，是讓人看到願景，甚至與願景同在

很久很久以前，我當主管時常常會抱怨底下的員工：

「那個小A真的很機車，整天都在玩手機，也不打電話做新客戶預約。」

「小B上課都隨便亂上，上課還在玩手機，一點都不尊重學員！」

「這些白目教練，老是把櫃檯弄得亂七八糟，都不好好整理！」

剛剛升任管理職的老教練，常常過度在意細節，看很多人都不順眼，把他們拿來和當年剛入行、很努力的自己相比，結論當然只有一個：「現在的年輕人，真不努力！」

但是，過了三年、五年後，我漸漸明白了不成熟的其實是自己。

才剛要了糖果，又要餅乾？

現在已是個無法光用權力管理人的年代，因為你身邊的這一代要不從孩童時期就被當成寶，要不就是在父母的壓抑下長大。

不管是哪一種，這年代的孩子好不容易脫離父母、學校的掌控後，正準備展翅高飛時，又要面對媒體的茶毒。這個報導說「年輕人起薪低、房租高」；那個報導說「這一代年輕人抗壓性遠不如上一代」，甚至還有名嘴會說「生在台灣就是悲劇一場」。

處處被打壓，完全不被看好，怎麼生得出遠大的抱負呢？

以前的我們，聽的是張雨生的名曲〈我的未來不是夢〉；現在的這一代，聽得是〈我的未來只有低薪〉，所謂的美好未來，早已被烏雲遮蔽了。

所以，一個好的管理者得學會激勵人心，引導新生代學會撥雲見日的能力，讓他們看得到美好的願景，而且願意相信，只要透過努力就能翻轉人生。

有一位創業七年的健身房老闆就曾經跟我抱怨：「教練永遠都在抱怨自己領得不夠多，永遠都想要更多。」是啊，教練如同孩子，你想像一下孩子是不是跟你要了糖果，又會跟你要餅乾？因為他們不懂自己需要什麼，只會想用眼前的誘因，彌補自己心靈上的空洞。

主管基本功：讓人看到願景

工作的報酬其實有三種：錢、歸屬感、成就感。

當你已經把所有能給的獎金都給了部屬時，也許下一步你要給的就不會是更高的獎金，而要思考如何讓員工能在團隊中擁有「歸屬感」與「成就感」。

當了主管的你，與其像秦始皇般執行高壓統治，還不如當他們的大哥大姊，讓員工覺得跟著你能賺到錢、能學到東西、能照顧他們和懂他們的心，其實就已經是你最好的願景了。

健身房的新教練，如果是需要歸屬感，只要你能創造一個大家庭的感覺，讓他們覺得「這裡就是我的家，我要為我的家奮鬥」，他們就會願意留下來和你一直努力下去。畢竟，金窩銀窩都比不上自己的狗窩啊！

如果是需要成就感的教練呢？你有沒有適當指派高難度任務，讓他們盡情挑戰呢？例如，邀請他舉辦教練內的體能大賽、減脂大賽，或者內部教育訓練，都能創造成就感。

讓員工覺得在你領導下能賺得到錢、有歸屬感、有成就感，就是讓他們感受到與願景同在的關鍵。

最後，提醒你「讓人看到願景」就是領導的基本功，讓員工與願景同在是你要修練的終極神功，這樣你學會了嗎？

5-4 為何你要當主管？

當了幾年教練後，除非你真的「生平無大志，只求有飯吃」，一定會思索一個問題：「如果有機會，我要升主管嗎？我當教練不用那麼累，也不會被人嫌，賺的錢還可能會比主管多，幹嘛要當主管？」

這方面，我有個小故事想和你分享一下。

主管的工作有趣嗎？

凌晨一點半，在灰暗的教練櫃檯，我和主管剛做完銷售數字及合約的清點。

此時是六月一日，清點的結果顯示，我們完成了五月的團隊目標，我疲憊不堪的看著我的經理鹹蛋姊，對她說：「長官啊！那麼辛苦了一個月，今天又歸零了。為什麼要把自己搞那麼累？我們又沒賺得比教練多，他們也只要服務學生、賣課和上課就這樣而已，我們當主管真的有比較好嗎？」

鹹蛋姊只想了一秒，就對我說：「你不覺得主管的工作很有趣嗎？」

我聽完下巴差點掉下來：「有趣？工作累、投入的時間又多，長官啊！你看現在健身房跟鬼屋一樣，除了我倆一個人都沒有，感覺殭屍鬼魂都要出來健身了，我們卻還在這裡對著電腦弄報表，哪裡好玩啊？」

鹹蛋姊微笑著說：「有趣的地方是我們創造了自己的團隊，雖然不久前才剛走了一批老教練，但是靠著我們的教育，這批新生代教練都挺過來了，難道你不覺得很有趣？這就是傳承啊。」

我完全感覺不到帶領新人有何樂趣可言：「傳—承？什麼跟什麼啊！我要回家睡覺了，拜拜。」

然而，回家的路上鹹蛋姊的那一番話還是影響著我，不禁想起三、四個月前才進來的幾個菜鳥教練，業績是怎樣慢慢從五萬、八萬、十一萬、十七萬一路往上攀升，過去我所付出的心血、精力確實發酵了，心中其實有股感動的暖意慢慢浮上心頭。

本來這些菜鳥教練身材都不夠吸睛、專業也有待加強，如今竟能靠教練工作維生，為什麼有這麼大的差別？沒錯，靠的正是主管的大力付出。

有因就有果，你種下的是什麼樣的種子？

回想起來，每天的指導、實際示範演練、教育訓練、產能追蹤，主管付出的時間和精力，如果用來自己做業績，團體績效甚至會比依靠新教練好很多。

那麼，鹹蛋姊和我為什麼還要堅持培育新血呢？

當主管的那幾年，我一直思考這件事情，結論就和鹹蛋姊的說法沒有兩樣，是的，就是「傳承」。

「如果沒有好的教練，就無法提供好的服務品質。」

「如果沒有好的服務，就無法創造好的運動環境。」

「如果沒有好的環境，就無法有效改善學員健康。」

我當主管的日子，天天都如此這般地耳提面命，讓新生代教練對健身產業有信心，並且持續投入熱情。

一個好教練的養成，有賴主管手把手的教育。雖然你培養出來的好教練有一天還是會想離開，或取代你的主管位置，但你一定也能理解，追求更好的發展是人之常情。

眼看花了心血帶出來的教練突然拋下你跳槽到別的公司，以前的我會覺得不太甘心，感到白白浪費了自己寶貴的時間，然而，理解了他們「人往高處爬」的心情後，再看到很多過去培育的教練現在發展得很好，有的已經是店裡的紅牌教練、經理、講師，甚至已是教育訓練官或自己開創了工作室，還真的是相當有成就感。我當初的堅持，或多或少還是有在他們心理種下對健身產業的希望吧？

魯迅說：「世上本沒有路，走的人多了便成了路。」但即使有路，很多人走來走去還是在原地打轉，我恰好有點能力，能拉卡住的人一把、指引些方向，雖然不確定自己幫助了多少人，但我想，只要還有呼吸的一天，我就會一直在礁岩遍佈的海港充當領航員。

上帝派我們來這世界，是要消滅絕望，創造希望，所以，有一天但願你也能接手，把健身產業的理想、熱情與希望傳承下去。

5-5 同理心是減少團隊衝突的魔法

我擔任健身房經理時，總會花不少時間與後勤、現場團隊協調溝通。剛開始，溝通時自己也會和同事一起這麼抱怨老闆：

「公司真的賺很大，一堂課一千五百元，我們只能拿三百至四百元。」

「每次業績都訂這麼高，老闆真的很貪心。」

「一天到晚都要做這些無聊的活動，又不多給錢，公司真的很機車。」

如果說一定得有個人是錯的，那千錯萬錯一定就是老闆的錯。

老闆拿走的，真有那麼多嗎？

當了好一陣子主管，開始有創業的打算時，細究之下，這才發現經營公司的潛在成本多如牛毛，除了房租、水電、營業稅、所得稅……，還有消防措施、裝潢攤提、器材攤提和勞健保……，這些支出東扣西減之後，一堂教練課收到的錢可能進到老闆口袋的才百分之五到十左右而已。

也就是說，一千五百元的教練課，其實老闆只賺到七十五至一百五十元，而且如果不是獨資，分到的錢又更少了。

員工總是嫌棄老闆給的太少、太小氣、要求太多；老闆總是覺得已經給夠多了，員工卻還是不滿足。

我不是要幫老闆講話，只是覺得我們應該多點同理心，嘗試一下換位思考。如果你今天是老闆或主管，別忘了你剛出社會時，應該也是抱怨老闆、抱怨政策，抱怨公司規矩太多、薪水太少；如果你是員工，不妨想想如果今天當老闆或主管的是你，付出那麼多心血、投資那麼多錢成立一間公司，員工卻都在背後罵你小氣，你的心情如何呢？

所謂「合則兩利，分則兩敗」，勞資關係正是最好的寫照，上下交爭利或不肯同心協力的結果，最後只會落得「雙輸」的下場，樹倒猢猻散。

要修身，也要養性

「競爭心」是絕大部分人生來不用學習就擁有的能力，它會要我們比別人強、打敗身邊的「對手」往上爬，自己過得好最重要。

但其實我們都忘了每個人心中都有個天使般的小孩，那個小天使始終保有同理心、愛與善良，只是我們忙著比大小、鬥高低，忽略了他的存在。

也是在當主管的時候，曾經有一位教練朋友問我：「查德，那個教練行為這麼白目，為什麼你還能忍受？為什麼不炒掉他？」

當時我這麼說：「他還沒脫離過去環境所造成的情緒傷害，只要還有一絲機會，不到最後我不會放棄任何人。」

回到員工與公司常常對立的事情，如果我們能先接受現在的狀況；如果我們能不要總是站在對立面；如果我們能多花一點時間換位思考，想一想：

「如果我是老闆，我會給員工這麼高的獎金嗎？」

「如果我是員工，我會跟老闆站在同一條線嗎？還是會用口水來噴老闆呢？」

當你我他都願意換位思考時，也許彼此的衝突就能減少，和平相處的原則，就是經常懷抱感恩的心，同理身邊的每一個人。如果我們不在意新知識、新技能的學習，不再看重性格的修行，那真的會是很可惜的事，需要警惕。

查德也曾經遺忘心中的天使，可是當自己越往上層走就越發現，人的品格，包括誠信、同理心、勇氣、幽默感，重要性遠遠超越競爭的技能。

如果你也想當個好主管，請在從新官上任的第一天起，時時記得回看內心，磨礪自己的好品性，也許那不會讓你撈到更多好處，卻一定會讓你成為好主管。

同理心，是解決衝突的良藥。

5-6 如何從零開始講師事業

有些人總以為，想做一份新工作就要辭去本業，才能專心做，但這是一個過時的觀念。新觀念、也是較佳的選擇是：先穩住一份收入，同時準備第二份事業和收入。

千萬不要相信「魚與熊掌不可兼得」，反而要相信「小孩才選擇，大人全都要」，如果你對主管職沒有興趣，我想另一種職涯選擇會是你的所愛，那就是「講師」。

但醜話說在前頭，成為講師不難，但成為「賺錢的講師」成功率就比有個富爸爸還低，多數的講師不是餓死就是累死。

如果你對講師工作充滿了好奇，相信我的分享會給你一點方向和啟發。

從學員或朋友引薦開始演講生涯

二〇一四年時，我的貴人、也是一家大銀行的總經理陳先生對我說：「查德，你要成功，除了經營社群媒體，也要開始演講。」

演講是我一直想要做的事情，但一開始沒有名氣，誰會給你機會演講呢？

大學時，我就曾當過英語演講社的社長，上台講五到七分鐘一點也不難，但若是一次要講一小時以上，對我來說就是煎熬。

不過有句話說得很好：「煎＋熬，是美味的方式。」為了讓自己的人生更美味，即使知道能力不足，還是要衝一波。

剛好我有一位學員「美人姊」，是國立大學保健室的主管，他們每年都要辦健康講座，也常常不知道找誰分享，剛好我想嘗試、他們也需要，就這樣各取所需，開始我的第一次演講。

實話實說，我第一次的演講表現超級爛。

對方要我講的主題是「運動快樂」，但我的簡報內塞滿了教條式的內容，又因為之前沒有上台經驗，就只是照稿念，腦袋一片空白，緊張到腋下比瀑布還濕。好險不愧是名校學生，即使我講得很爛，常常嘴巴打結，他們還是認真聽講，沒有全都變成「睡美人」。

第一次的演講就這樣安然度過，我也拿到了三千六百元的講課報酬，雖然不多，但是講九十分鐘就有三千六百元進帳，讓我不禁心想：「如果一個月可以講十場，不就有三萬六了嗎？」這小小的虛榮感，讓我得到了大大的成就感。

人要如何堅持？就是找到成就感，那瞬間有個開關打開了，讓我心中升起了當講師的志向。

如何創造更多演講機會？

當時大家還都對經營社群媒體沒有概念，類似的書更少之又少，所以多數的演講邀約不會是從社群媒體來，而是朋友推薦。

有一天，我在網路上看到這麼一段話：「成功要做到三件事：第一件是堅持，第二件是不要臉，第三件是堅持不要臉。」別的事我不敢說，但想要當講師，就得不要臉地一直找機會。

不要臉的我，就跟我的每位教練課學生說：「你們公司有沒有健康講座的需求呢？我可以去演講，不收錢也沒關係，我想要累積經驗。」沒想到，問了十位就有九位願意邀請我去演講，我也開始了講師生涯。

二〇一四年我講了十場公司健康講座，當時的主題是「姿勢對了，馬甲線就出來了」，為什麼是講馬甲線呢？沒有為什麼，因為當時很流行這個名詞。很瞎的主題配上很瞎的我，卻讓我從很瞎變得不瞎。

準備這主題時我發現，快速讓對方感覺瘦一點的訣竅，其實就是調整骨盆前傾，小腹就會瘦一點。在當時，這是鮮為人知的知識，但對健身教練來說，這是習以為常的知識，當我把它用在講座裡，常常讓聽眾驚呼連連。

光這個主題我就講了十場，十場之後呢？健康講座開始讓我感到無聊，找不到繼續的意義。

十場下來雖然提升了講課技巧，但因為透過講座來找我上課的人卻很少，說老實話，當時我在公司的業績很好，不太需要新的學生，如果是為了賺錢，十場下來，有些公司單位會多少給點車馬費，好的給到一場五千元，差的就是零元，十場收入大約八千八百元。賺得不多，但是準備的時間卻很多。

如果要靠演講維生，一年八千八百元我相信絕對不是個好辦法，我也不缺學生，那我到底演講要幹嘛？

是的，我喜歡演講，但我也不喜歡一直分享沒有含金量、沒有深度的內容，就這樣，我決定為自己的演講生涯先畫上休止符。

想不到，才休息了一小陣子，下一個機會就悄悄上門了。

人生準備百分之四十就可以衝了

上帝關了你一扇門，就會為你打開另一扇窗，如果上帝忘了開窗，你就直接破窗而入吧！

二〇一四年我曾經參加過的健身拳擊證照「THUMP Boxing」剛好要徵選講師，我想都不想就直接參加徵選了，想不到的是，徵選當天只有四個人報名，我原本以為很多人都想當講師，結果很多人真的只有出一張嘴，卻沒有行動的能力。

馬雲說：「多數人都是『晚上想著千條路，早上醒來走原路。』」這句話真的很貼切，而我不喜歡走原來的路，只要有機會就要衝一波。

四個人參加甄選，最後選中三個，成功率高達百分之七十五，只要做足準備，機會就是自己的，敢參加徵選，能力上已經超過一般人了，再加上前一年的打底，我的演講能力遠勝一般教練，所以我認為選上是必然，而不是偶然。

噢，當時唯一落選的同學，後來也在其他協會當上講師了。

培訓與演講的最大差別：教學系統化

帶著自我懷疑又興奮的心，我開始了證照講師的實習。

這是我第一次接觸系統化的培訓系統，並且循序漸進地學習各種講課技巧：怎麼開場？怎麼跟學員互動？怎麼安排課程？……那一瞬間我才了解，一小時的演講和兩天的培訓所分享的架構完全不同。

短時間演講

多數是單向溝通，講一則故事，分享案例，讓對方有所啟發，知識分享量較低。

長時間演講

重點是雙向溝通，把知識拆解成多個章節，章節內除了分享知識，更要實作和討論，而不是像一般人想的連講八個小時。只靠講述不僅會讓學員變成「睡美人」，講師也很容易累癱。

實習一年後，我開始獨挑大梁，能夠獨自講一整天的課，在此之前，我從沒想過可以講一天八小時的課程，這樣的成果讓我覺得自己比驚奇超人還驚奇。

但是，課程講久了，還是得和現實PK，「當證照講師能賺到錢嗎？」

證照講師非常難賺

前期實習時，我們沒有任何收入，一直到參與實習助教半年，經過證照單位的考核後，我們才開始領到津貼，當時津貼並不多，一天就是兩千塊錢。不過，經過重重考核、成為正式講師後，一天的講課收入可以到一萬塊錢。但說真的，一萬塊錢還是少了點，畢竟一個月講不到幾場。

花了三到五年成為講師，又是在金光閃閃的證照培訓單位，但光鮮亮麗之下，卻沒有相對應的收入，讓我有不如歸去的念頭。

或許我的思維過於短線，看不到未來，但眼界也要鍛鍊，才能開眼，「格局決定了結局」這道理人人都懂，那時的我卻搞不懂。短視近利的我，覺得準備這兩天的培訓，不只每天要早起準備，假日也要撥出一堆時間練習，準備了這麼多，卻常常被總教官指出許多缺失，這讓我感到身心疲累，認為做證照講師投資報酬率太低了，還是別幹了好。

二〇一七年時，我的小孩正好出生，我決定暫時訣別證照講師。

離開的時候，我很迷惘，當講師賺不到錢，健身產業當教練收入普普，開工作室看來前景不佳，總的來說在健身產業一直待下去好像沒什麼未來性，男怕入錯行，女怕嫁錯郎，我是不是入錯行了？下一步該何去何從呢？

然而，雖然當時很迷惘，我的管理能力卻開始大放異彩。在連鎖健身房當經理時，我突破了薪水的天花板，荷包滿滿，但每每回憶起過去講課的日子時，都有如懷念初戀情人般美好。

講課雖然賺不到錢，但每次演講時我能感覺到內心的火在燃燒，我就像西遊記的孫悟空，眼中有光，心中有火。

但是舞台沒了，該怎麼辦呢？

唯有累積，才有奇蹟

既然我是經理，就在公司內辦教育訓練，要求自己每週在公司的產能會議做兩次教育訓練。做教育訓練沒有直接收入，但是員工業績好，部門業績高，我的收入也會更高，算是另外一種動力。公司內部教育訓練一辦就是三年，這讓我累積了超過四百五十場的教育訓練經驗。

你可能會覺得，「你是經理，所以才可以在公司做內訓，一般人哪有機會呢？」如果真這樣想，你就誤會大了。

要成功在公司內部講課比在外面難多了！外面的人是付錢來上你的課，他們的學習動機很高；公司的員工卻總是愛聽不聽、不怎麼當回事，但我也不是吃素的，後來每次的分享，都卯足全力，讓大家眼睛發光、全神貫注聆聽。

健身房的工作繁忙，每週的培訓很難做到極致，但我認為演講跟寫作一樣，量大必中，量多質必高，四百多場內部培訓下來，讓我講話更沉穩，說話更有氛圍。

千萬講師謝文憲說過，「當你沒有目的，就可以達成目的。」前面這些累積，是我日後開課成功的關鍵，如果沒有前面幾年的奮鬥，我相信很難有現在的我。

如果你對講師事業有興趣的話，要記得現在的努力，都會成為你未來的福利，「滴水穿石」不是水太厲害，而是時間太厲害。唯有累積，才有奇蹟。

5-7 年薪兩百萬的悲歌——如何面對失業？

你很希望有一天能當上主管嗎？可別以為當了經理就可以高枕無憂。人生路上總有那麼一個魔王，是你使出畢生修為還連他的防護罩都打不穿，只會讓他嘲笑你的大絕招是「廢招」。這時的你該怎麼辦呢？四個字：以退為進。

你就做到今天就好

分享一個我過去的痛苦經驗給大家參考。

二〇一八年六月離開證照講師工作後，我已經和《航海王》主角魯夫一樣立下志願，他目標要成為海賊王，而我的目標就是成為「教練王」。要成為教練王，當然先要在健身房當個厲害的經理人，但很遺憾的，我的主管之路出了意外。

當時我孩子剛滿一歲，家裡的開銷來到每月八萬的高峰時，卻發生了一件令人不知所措的事——我被開除掉了！那一瞬間，我領悟到一個人生的真理：「就算你再努力變強，終也會有跌倒、撞牆的一天。」

公司的木圓桌旁，老闆眼神凝重地看著我，在白紙上寫下了兩個離職條件：

條件1：照勞基法辦理資遣與資遣費。

條件2：對外宣稱自願離職，但給的離職費是資遣費的三倍。

「這兩個條件你選一個，算是讓我們好聚好散。」老闆說。

「怎麼這麼突然！出了什麼事嗎？」我問。

「你沒有達到我們『承上啟下』的要求，我想機會也給得夠多了，你就做到今天就好，看在你有小孩的份上，該給你的不會少。」老闆這麼回答我。

「我可以跟我老婆討論一下再回覆你嗎？」最後，我只能無助地說。

「可以。」

走出辦公室時，店內一群大學生正開心地邊運動邊聊天，渾然不知眼前我這個健身房經理剛拿到社會大學第一張當掉的成績單，讓我覺得自己萬分可悲。

走到公司門口外撥電話，太太一接我就說：「我被開除掉了！」

太太很淡定，只說：「你先冷靜一下吧，盡力了公司還這樣對你，這種公司也不值得你留下。」

掛了電話，深呼吸三次後，我走回公司，寫好離職單交給老闆，便到我的經理辦公室收拾東西。

收拾時，我用眼睛的最大肌力環視了一圈健身房，更看了當時的夥伴好幾眼。心意已決後，難過的已不是黯然離開，而是捨不得我從無到有建立的團隊。

當時的我，只用了短短不到一個月，就從自己的人脈網裡找來客服主管、營運主管、教練主管，還有教練團隊，更在開張前的一個星期裡狂做教育訓練、凝聚打底向心力。可以說，我就像照顧自己小孩般用心栽培當時的團隊。

三年後，我再一次回首思考：「我捨不得的真是團隊嗎？還是使出了渾身解數，卻換來受傷的自己呢？」

我說不清楚，只知道除了意外、難過、憤怒之外，那次的失敗讓我了解，就算我彈性再好，也不是每一次的全力跳躍都能帥氣灌籃，失敗時說不定還會跌個鼻青臉腫、皮開肉綻，甚至粉碎性骨折。

傷口會成為我們身體最強壯的地方

如果用我擅長的拳擊來解釋這件事情，你覺得，在拳擊比賽裡，最容易ＫＯ對方的是鉤拳、上鉤拳還是直拳呢？其實都不是。真正容易ＫＯ對方的，反而是「以退為進」的反擊拳。

為什麼呢？因為那時你最能利用對手的力量，用四兩撥千斤的方式還擊，只不過，這麼強大破壞平衡的招式，卻也是最難練的招式。

反擊拳練成前，我們可能要先挨過幾十記有如拳王泰森揮出的鉤拳，每一次被打中時，會瞬間痛到讓人不昏倒都不行，但所謂「打斷手骨顛倒勇」，練反擊拳的過程，正如同《老人與海》（*The Old Man and the Sea*）作者海明威（Ernest Hemigway）說過的一段話：「生活總是使人遍體鱗傷，但最後那些傷口會成為我們身體最強壯的地方。」《原子習慣》（*Atomic Habits*）的作者詹姆斯．克利爾（James Clear）也說：「當我們感受到痛苦時，其實痛苦已經快過去了。但傷口癒合後，是出征另闢新戰場的時候。」

三年後回想，沒有那段委屈的時光，哪有現在的好發展呢？委屈是一時，成長卻是一輩子；蹲得夠低時，才能跳得夠高。

下一次我的人生再遇到打不穿的關卡時，我不會用吃奶的力氣猛打魔王，而是退後一步、先看清楚魔王的破綻，有把握打得贏才反擊，若一時之間打不贏，就用瞬移先找個地方休息，補滿血後再挑戰魔王。

人生如拳賽，大多數時刻你要勇往直前，但也會有某些時刻必須「以退為進」。

第六篇

健身教練該知道的商業模式

6-1 為什麼有人月入三萬、有人月入二十萬？

我的好朋友情侶檔阿杜和阿珠很愛互相吐槽。

阿珠從運動相關科系畢業，是紙片人型的女教練，為了讓身形不至於太單薄，除了每週五次的自我鍛鍊外，她還利用休息時間照三餐狂嗑人體生理學、解剖學、筋膜……等知識，如此這般的用心和努力，讓她每個月的業績都超過二十五萬。

阿杜則是半路出家的教練，參加健體比賽雖沒拿過金牌，但也拿了好幾次的前三名，總愛用身材酸阿珠：「你這麼瘦，屁股這麼扁，怎麼看也不像個教練！」

這麼有教練樣，業績怎麼那麼差？

有一天，阿珠忍不住提醒阿杜：「是啦，你看起來最像教練了，但好歹也顧一下業績吧？這個月只剩沒幾天，你的業績卻才剛過十萬，這樣下去，不就只能領最低薪資了嗎？」

沒想到阿杜卻說：「阿珠，我打算只做到這個月底，我現在比賽成績不錯，詢問我課程的人很多呢！要不是卡在健身房要有會籍才能買課程，我業績搞不好早就超過你了！」

「隨便你吧，你開心就好，別餓死就好！」阿珠說。

那個月過後，離開健身房的阿杜開始在各大臉書社團貼自己的招生文，但沒想到，體驗過的學員卻個個開啟殺價模式：

「你又沒有提供場地，要我在公園上課！一堂最多我只給八百元。」

「我又沒有要練那麼壯。不然這樣啦，一堂一千元的話我買十堂，但你要再送我兩堂。」

「我朋友練得很好，友情價只收五百元，我再比較一下好了，謝謝你。」

阿杜的回應，則是聽完後瞬間變臉：

「嫌貴就找別人吧，小心自己亂練受傷唷！」

「你朋友有比過賽嗎？有證照嗎？你不怕他讓你練出傷嗎？」

反觀留在健身房的阿珠，因為圓融的個性累積了不少好人脈，甚至被運動品牌簽下當了推廣大使，除了有服裝贊助、免費課程培訓外，還多了讓自己曝光的機會，算下來月收入將近二十萬元。

怎麼會差這麼多呢？

兩個最簡單的評估標準

入行一至兩年業績就夠好，代表了一件事：你在接觸新客人的技巧和舊客人續約上有一定品質。但是，還在這時急著離開創業，火候只怕還稍嫌不足，這邊提供兩個最簡單的評估標準：

1. 不使用公司資源時，每個月都會有三個人以上因為你的名字而來找你上課嗎？如果有，恭喜你，你的自由教練成功之路不會太難走。

2. 離職時，能否乾淨離開？很多教練才做了一陣子，心裡就只想著怎麼把學員帶出去跟自己上課，這種教練常用的招式就是「降價」。

問題是，帶著學員出走幾乎等同跟老東家翻臉，健身業界很小，大家幾乎都相識，做這種事情不僅違反了職業道德、大傷你在業界的人緣，也容易讓自己落入「一起步就成功」的舒適圈。

這種帶人出走的創業法，通常會伴隨一個現象：第一個月看起來很好，第二、三個月也都還不錯，但大約到第五個月就會走下坡，接著很快陣亡。

成功關鍵不是證照多、冠軍多

許久以來，健身業一直有個難以撼動的迷思：有證照、比賽得過獎就會有源源不絕的學員。但其實說白了，這與學歷無用論——碩士找工作還是23.8K起跳——有異曲同工之妙。

沒錯，證照是入行的基本門檻，比賽是能力的檢測標準，但這都只跟你自己有關，和學員幾乎毫無關係。教練生涯的成功關鍵不是證照多、冠軍多，而是「有能力幫助更多人」。

以下幾個問題，可以幫你釐清你的狀況：「有沒有很多人認識你？」「有沒有很多人覺得你幫的了他？」「有沒有一個能夠讓人認識你的平台？」「有沒有辦法讓想跟你上課的人都找得到你？」

換句話說，經營自己、持續學習、維繫人脈這三件事，才能讓你的教練生涯始終維持高檔。當教練就是學做人，記住這句話：「做人越成功，教練就越好做。」

6-2 先有自律，後有自由

為什麼健身教練的離職率這麼高？

原因很多，但有時和工作辛不辛苦、業績難不難做沒有關係，而是遇到了不喜歡的主管。想在健身房裡安身立命，多數時候你不得不面對的其實是人際關係，因此，除了專業你更要培養出不靠公司也有學員的能力，才能在這江湖有說話的權利。

打不死你的，都只是擦傷

我也曾遇上過爛主管，其中一位便是身材酷似摔角手的羅傑，因為我們平時的交流就是互看不順眼，所以我一直是他的眼中釘。

羅傑討厭我的原因很簡單——我永遠不在他值班時幫他出業績；我討厭羅傑的

理由也不複雜——在我還是菜鳥時，他總把剛賣完兩百堂課的學生丟給我上，讓我不只要安撫學員的情緒，還要幫他消課。

我也曾經想過不跟他一般見識，甚至考慮過他值班的日子盡量不排上班，但他就是不放過我——只不過走到樓下買個飲料，他就馬上在通訊軟體的群組標記我：「沒有業績還敢離開現場？」事實卻是，我的業績不但達標，當天還已經上了七堂教練課。

羅傑業績很差的時候，會無緣無故廣播「全體教練到教練櫃台集合。」有一次他廣播時，有課要上的只有我一個，這不就是針對我、找我麻煩嗎？但他畢竟是主管，我只好向學員致歉，到櫃台聆聽羅傑有何指示。

「今天沒有業績你們就都不能下班！」羅傑使出獅吼功，對我和另一位無課可上的教練「乖乖」大吼。

但是，每一次的交鋒羅傑都拿我沒有辦法，那次我是這麼回的：「我的業績都在進度上，而且店十點就關了，最晚也只能待到十點不是嗎？太晚樓管會請我們不要留在店內，沒事我就先回去上課了。」說完我轉頭就走，留下乖乖和錯愕的羅傑。

其實，我真正想對他說的是：「我就喜歡看你討厭我又打擊不了我的樣子。」

你也希望討厭你的人打擊不了你，卻又拿你沒辦法嗎？那麼，從新手教練開始你就要往兩個方向不斷努力：

一、創造新資源

對一個教練來說，「不依賴公司資源」是讓自己不受限的必備技能。你越依靠公司資源，無形中你就越被公司束縛。

很多教練不懂得這個道理，以為學生跟自己上課是因為自己厲害，其實他們的很多資源全靠公司，只要公司本身新資源變少，這些教練的收入馬上大受影響。

我個人認為，教練有穩定的現金流是很重要的關鍵，而教練的現金流來自於三個條件：穩定的上課數、穩定的新客源、穩定的續約。

新客源可以從社群媒體得來，或由現有學員轉介紹，但不論從哪來，「創造資源」這件事絕對不能少做。

二、善用資源

我認為，九成的教練其實都沒有善用資源。

要知道，幾乎每一個訪客預約都是用錢堆積出來的（實際金額換算每間公司都不大一樣，以下只是舉例），一個名單可能要花上三百至一千元，五個名單也許只能產生一個預約，也就是說，一個預約可能是花了一千五百至五千元才創造出來的。如果該店的平均客單價是四萬元，以平均成交率百分之三十三來算，三個ＦＡ（訪客體驗）的價值其實是一萬三千兩百元。

因此，新手教練要先有一個體認：預約不是免錢的，如果不珍惜，就會造成資源的極大浪費。預約沒有成交不是罪，沒有全力以赴服務那位準學員才是，別怕努力後白費功夫，即便失敗了，也是一次很好的學習，怕就怕在，有些教練只會嫌棄預約者，寧願坐在櫃檯玩手機：「這傢伙不像會簽約，我不想帶他上體驗課。」只想服務「很像會簽約」的客人不叫自由，叫放縱。

想要有本事自由，就要先有自律的前提，而所謂的自律，在我看來就是「做好每一件我該做的事情」。沒有自律，只能自爆；先有自律，才有自由。

6-3 面對殺價，你要漲價

不管你是多大牌的健身教練，難免都要面對一件事情：殺價。教練界有句話說得很好：「你殺的不是價格，你殺的是我的心血。」我相信，第一次碰上殺價的心情肯定不好，感覺人格都被侮辱了。

但剛當教練時，面對殺價或被客人嫌貴也只能默默地周旋，真的不知道還有什麼別的應對方式。一直到去商業健身房工作後，我才發現「報高價」會是一種處理方式。

知名度越高，身價就越高

有些人不論你報價報的再低，都還是會殺價，萬一遇到有如天使般的客人，即使你報再高他也說好，我們不免會覺得自己做了對不起人的事情，好像加入了欺騙、使壞、邪惡的大魔王陣營。

親愛的教練們，千萬別這樣跟自己過不去，對方會買單，是因為你的服務讓他覺得你有這個價值。

報高價通常有兩種結果：有些人覺得你一堂值三千元，那就有可能落在兩千元成交；覺得你的課一堂只值一千元的人，你開一千五百元就會想殺到一千兩百元。

是否殺價，有時要看價值觀有無建立完善，有時則要看你報價的手法。

雖然開價高已經是銷售上的常用技巧了，但如果公司的價錢是固定的，你可以在客人付費時用一些名目降回內部設定的價格，這不僅可以做順水人情讓對方感覺好，也不至於事後被會員貼上詐騙的標籤，畢竟世上沒人喜歡被當「盤子」。

而預防殺價的方式，是先抬高自己的身價。

為什麼這些客戶走進ＬＶ、Chanel 這種高價精品店時不會殺價？首先是因為品牌知名度極佳，其次是大家都已有既定印象，知道那些包包、香水……等本就是高級奢侈品，很貴是應該的，消費者也清楚知道那些都是不二價商店，自然不會有想殺價的念頭。

當然，這也是任何個人服務業者最終要達成的目標——建立強大的知名度。

知名度越高，身價就越高。舉例來說，如果對方從社群媒體上找你上課，就表示已經對你的形象有一定的肯定和信任了，這種時候，只要你願意報價，就算比他的預期高出一些，相信對方也一定會接受。

為什麼呢？

你猜得沒錯，在對方心中你就是高級奢侈品，說不定和黃金、鑽石一樣值錢。所以，把自己經營成教練界的奢侈品，才會是最好預防殺價的方式。

即使經營個人品牌很累、很繁瑣、很花時間，但成功建立起品牌後，身價翻兩、三倍的感覺絕對會讓你開心到心情輕飄飄。

高價成交後該做的事情：給合理價錢

記得，「報高價」只是面對殺價惡習的手段，不是拿來賺取暴利的技巧，大部分人都喜歡殺價，只要讓他殺到有感覺，最終結帳時還是要給對方該有的價格，而不是開高價後，就心想「遇到傻子的話可以狠撈一筆」。

「是你不殺，不是我不降」的心態，不僅沒辦法讓我們教練生涯長久，還會很快就踢到鐵板。別忘了，學員是會和其他學員或在別處上課的學員交流，互相比較價格的喔！

既然都當教練了，與其讓學員「僅此一次，決不再續」，不如堅守合理價格，讓上過你課的學員都想一直跟著你上，這不是更有成就感嗎？

6-4 七件當線上私人教練前你該知道的事

新冠肺炎襲擊台灣時，也襲擊了無數健身教練的荷包。如果你很想開始線上教練課程，但是又不知道該怎麼開始的話，以下這七點也許可以幫助你開啟線上教練課程的教練生涯。

一、定價（教學前）

到目前為止，聽到多數教練最煩惱的事情就是：到底一堂線上教練課程要怎麼定價比較好呢？

查德調查了國外資料及目前周圍做得不錯的朋友，多數人都是用原本的價格打七折至八折，也就是原本一堂一千五百元的，只收八折價一千兩百元。

二、事前調查（教學前）

因為學員的環境是你無法控制的，所以最好可以請學員先準備好簡易器材（椅子、桌子、裝水寶特瓶、瑜珈墊等）。

三、使用藍芽耳機（教學前）

學員做動作時，身體會離手機、螢幕有一段距離，如果你講話聲音太小，學生可能會聽不到，所以建議請學員先配戴藍芽耳機，就能增加收聽的效果。

四、事前練習（教學前）

多數人剛開始面對鏡頭講話時，可能會有一些不自在，這時不妨模擬你自己就是一個網紅，然後練習對著手機鏡頭講話。

練第一次時可能很不習慣，但到了第二次就會好很多，第三次就會好自在了。

你要相信一件事情——只要肯練習，這世上就沒有你學不會的東西。

五、視角切換（教學中）

實體教學與線上教學的最大差別，就是視角的限制。

面對面教學時，教練可以藉由走位來觀察學員的動作，換成線上教學後，你就必須不時請學員訓練時切換角度。

舉例來說：

第一組——正面視角

第二組——左側面視角

第三組——右側面視角

這麼一來，就可以減少視訊教學的盲點。

六、教學氛圍（教學中）

學員做動作時，如果你只是看，很少開口說明，那就會是很尷尬的一小時，一開始不知道該講什麼沒關係，至少學員做動作時要把數字數出來。

別忘了，你尷尬學員也會尷尬，一堂尷尬的課，別說你不想上，學員也不太會想再上，然後……就沒有然後了。

七、放下面子（教學前、中、後）

再好的規劃，比不上一次實際的行動。

如果你不知道如何邀約現有學員來上課，第一堂課可以試著用「免費試上」的方式進行，學員接受度其實滿高的。

透過「免費試上」，你能探知到有多少學員願意接受你的線上課程。如果有七至八成的學員願意接受你的建議開始上課，我會說恭喜你，你又增加了一個新技能。

如果很遺憾的，你的學員幾乎都說：「抱歉，我還是只想上實體課程。」那就代表學員對你的信任感沒有想像中高，重新思考要怎麼提升自己的課程品質和學員的互動，是你下一步該做的事情。

說到底，線上教練課程比的就是人品，比的就是個人魅力，比的更是個人影響力，而且三者習習相關——人品越好，魅力越高，影響力越大。

想要開始從事線上教練課程教學嗎？除了練肌肉外，記得也要把人品練好，才有機會經營好你的線上教練課程。

線上健身課教學懶人包

查德製圖

三大重點

- 邀約體驗
- 準備工具
- 事前演練

線上教學小訣竅

動作示範：示範越清楚，教學越有效

口令清楚：講話慢慢說，字字要清楚

切換視角：換邊看動作，修正好方便

創造氛圍：邊笑邊說話，教學不尷尬

線上教學做的好，在家工作沒煩惱

6-5 線上課程會取代實體課程嗎？

在越來越多教練經營線上教學後，許多教練就開始擔心：「線上課程會不會就這麼取代了實體課？」「學員會不會因為可以在家健身，就不去健身房了呢？」這些擔心都可以理解，但我個人的答案是「不會」。

健身房的商業模式即將改變

線上課程確實會是健身房未來的新產品，甚至有可能成為標準配備。以前健身房的產品就只有三種：會籍、團課點數、私人教練課。你可能會說：「還有運動按摩課和營養諮詢課啊！」但那本質上還是一小時的教學服務，所以我都算在私人教練課裡面。

雖然有些健身房會做營養餐，但我必須說，供餐是一個獲利很差的商業模式。經營健身房和經營廚房是完全不同的專業，阿基師就是拿菜刀的，不是拿啞鈴的，想當阿基師又想當阿諾，只是自尋煩惱而已。如果想賣餐點，最好的方式就是請人外包、採用分潤制度就好。

多數健身房的一天裡，進場人數可能連三百都不到，小型工作室更連五十人次都不容易，而餐點的大宗客人是會員，如果會員很少，健身房所在又不在商業街上，路人就不容易走進來買你的健身餐，所以會造成一個現象——餐廳的生意比冰箱還要冷。

打造你的獲利級制

以前健身房的ＫＰＩ，對會籍顧問就是要求每月的會籍銷售數量，教練就是賣團課點數或教練課，但是當線上教練課程也加入時，你就可以重新設計自己的商業模式，來打造全新的獲利方式了。

你的銷售模式可以拆分為好幾層，層級越高價格越貴：

- **第一層：**會籍
- **第二層：**線上團體課
- **第三層：**實體大班團體課
- **第四層：**實體小班制團體課
- **第五層：**線上私人教練課
- **第六層：**一對一教練課
- **第七層：**一對二或三教練課

這個概念叫做「銷售漏斗」，線上教學會改變健身房的獲利模式，未來某些工作室或網紅教練名氣夠大時，就可以安排幾個時段專門做線上教練課教學，這能減少過去工作室需要拓點才能增加學員數量及使用空間不足的問題。

因為以教學軟體 ZOOM 來說，付費使用之後，單次能夠收納的人數可以高達兩百至三百人，當然了，前提是引導人流的能力，還有線上成交的系統要夠強大（聽說某最大間健身房因疫情停業後，線上課照樣賣得呱呱叫，可見沒有不行，只有願不願意做而已）。

也許你會想問：「如果不會在網路上行銷自己該怎麼辦？」

很遺憾的，如果你剛好是不擅長社群行銷的工作室老闆或健身教練，這一塊獲利模式就跟你關係不大了。

讀到這裡，聰明的你也許發現一件事情了：未來不論是教練或健身房，就只有兩種型態——會行銷自己的和不會行銷自己的。而到底哪一種型態會在後期越做越好，我想答案已經很明顯了。

總之，線上課程不會取代實體課程，而是成就彼此。

只想在家訓練的人還是會在家訓練，想去健身房的還是有空就去，不同的客群有不同的訓練需求，線上課程只是多了一個方向滿足新的客群而已，而這種模式是否適合你自己，或者你自己是不是已經準備好，那又是另一個故事了。

重點是，線上課程雖然不會取代實體課程，但會取代不上進的教練，想要跟上時代，請學會和科技交朋友。

6-6 健身教練如何賺到錢？從月薪22K到年薪百萬之路

要怎麼讓教練從領底薪到年薪百萬呢？方法其實有很多種，原則上，健身教練最容易達到年薪百萬的方式，是增加一對一教學的教課數量或課程銷售。

你應該選擇前者或後者？要看你是在銷售型的健身房或上課型的健身房工作，抑或你是個自由教練。

以下，我們先看在銷售型的健身房如何完成年薪百萬。

銷售型健身房的年薪百萬攻略

在銷售型健身房裡當教練，你的上課佣金比例來自於銷售業績。銷售業績越高，你的上課獎金就越高；相對的，如果銷售業績很低，你的上課獎金就很有限了。

穩定也很重要，所以在這類型的健身房裡當教練的話，你就要設法維持一定的業績，才會有不錯的收入。

通常業績要維持在多少，才能達到年薪百萬的目標呢？每個月的績效要維持在二十萬，上課的堂數做到一百二十至一百四十堂。（為什麼堂數有浮動？因為每間健身房的獎金比例不同，所以要依照你的健身房實際狀況去調整。）

銷售型的健身房，會比較積極於拓展新市場，所以分店數、館內的會員數較多，我認為，對於經驗稍微欠缺的教練，只要能在銷售型的健身房撐得夠久，就很容易達到年薪百萬這個目標。

上課型健身房的年薪百萬攻略

上課型健身房的指標很簡單：上課堂數要達到一個量，通常底標要求會在一百二十至一百五十堂不等。

看到這你可能覺得：「這不就和銷售導向的差不多嗎？」看似差不多，其實還是有些差別。

開發客戶，是上課型健身房的首要挑戰

在這類型的健身房裡當教練，你就必須完全靠自己開發學員，可能是從跟現場在運動的會員攀談開始，或者由公司分配的電話名單打起。

這類型的健身房做電話開發，要求的不是爆衝的業績，而是穩定的成長，所以和銷售導向的健身房相比，他們的會員數和分店數少了很多。

新進的教練不容易分配到電話名單，所以勢必要從現場的會員服務做起，這就很磨練新教練的破冰技巧了。

保底制

上課型健身房的第二特色，就是「保障底薪制」。

假設你一堂課的抽成是七百元，當月上了五十堂，你的收入就是很好算的三萬五千元，而非把抽成加在你的底薪上面，所以你可能會發現，前期的收入要做到第四、五個月後，才能破除領底薪的窘境。好處是後期做起來會相對穩定許多。

自由教練的年薪百萬攻略

自由教練能否達到年薪百萬，有兩個關鍵因素，分別是定價和上課數。

因為大型健身房的蓬勃發展，許多離職的教練會想嘗試自由教練，導致目前自由教練的價格市場相當混亂。

近幾年，健身工作室也出現了「蛋塔效應」，一堆人爭先恐後地開設健身工作室，造成這類市場的價格有從五百元到兩千元的極大落差。

許多自由教練剛開始時沒有經驗，為了先求有收入就定價六百元，但這樣的價格扣除掉場地費，你的單次收入可能才四百五十元上下。因為不是在公司行號工作，所以你沒有勞健保，風險是非常高的，如果開價只能這麼低，真心建議不如在健身房或工作室好好發展，才是你的上上之策。

自由教練如果價位能在一千兩百至一千五百元左右，就會比健身房教練更容易達到年薪百萬的目標，以台北市單次場地租借三百元為例，扣掉場地費你還有九百至一千兩百元的收入。

用公式計算一下：

1,000,000 ÷ 900 = 1111

1,000,000 ÷ 1200 = 833

你會發現，如果淨利只有九百元的話，還是要上到一千一百一十一堂，等於每個月將近九十二堂左右，還不包含你跑點、等候客人的時間，加起來其實沒有比在健身房的工作時間減少多少，說真的，我認為這不是多「自由」的教練。

因此，如果你的定價高一點，做到淨利約一千兩百元，每年上課數八百三十三堂，每個月的上課數就只要六十九至七十堂左右，在這個數字下，每天的工作時數約在三至四小時之間，還有時間做自己想做的事情。

結論就是，定價高時當自由教練的效益才會顯現出來；如果單價低，真的不如幫人工作就好了。

6-7 健身教練如何賺更多錢？從年薪百萬到兩百萬

從年薪百萬到兩百萬的這條路上，卡關的時間會比「月薪22K到年薪一百萬」來得久很多，理由很簡單：多數健身教練的收入是時間性收入，天花板很快就到了，突破沒有那麼容易，要達到更高的收入，勢必得花更多時間。

如果一個月想賺二十萬，以每堂淨收入一千兩百元的健身教練來說，一個月必須上課高達一百六十六堂才有機會，對自由教練來說，這個難度非常非常高，多數平均值是每月四十至八十堂教練課，上到一百六十六堂已經違背了當初當自由教練的初衷了。

所以，你應該選擇其他三種能夠達到年薪兩百萬的方式：連鎖健身房高階主管、公開班培訓講師、網紅型教練。

連鎖健身房高階主管

我用的名詞是「高階主管」而非單純的「主管」，為什麼？「高階主管」在這裡的定義是「經理級以上」，而且一定要在連鎖型的健身房才有機會，如果在一般的工作室或小型健身房當經理，頂多底薪是稍多的三至五萬，但如果是在連鎖的健身房，底薪七至十五萬都有可能，要是能穩定達成團體業績，每月薪水十五萬以上算是滿基本的，區域經理級的薪水，甚至可能再多一倍以上。

早期「加州健身房」被收購以後，許多當時的經理選擇去中國大陸健身房當高階主管，每月薪水超過百萬台幣大有人在。

要坐穩高階主管的位子，首要條件是對數字有超級好的敏感度，同時要有培育主管、尋找人才的能力，以及強大無比的抗壓性，才有辦法在這個位置待到三年以上。

公開班培訓講師

健身產業有許多種不同的講師，光證照培訓系統就有：ACE、ACSM、AFAA、FISAF、NASM、NSCA，以及琳瑯滿目的功能性訓練系統。但如果只是在這些單位當講師，領的只有時薪一千至三千不等，因為培訓招生不容易，如果自己沒有招生的能力，就只是高階的打工仔而已。

公開班培訓講師就不一樣了，只要有自行招生的能力，而且培訓系統由自己研發，以一個學生收五千元為例子，一班招收二十位，扣掉百分之十至十五的成本，單次收入就有八萬五千至九萬元，以現在流行的當日班來看，其實效益非常好，如果平常還有本業——比如經理職或兼教私人教練課，很容易年收就破兩百萬了。

但是，要當公開班講師，就非常仰賴平時的產業經歷、行銷能力、自媒體經營能力。

現在市面上培訓單位超過一百種，如果平時沒有在做內容行銷、經營自己的培訓品牌，單靠在臉書上的銷售文案很難招到足夠的學生，畢竟臉書現在只要貼網址，文章的擴散率就會降低，平時要累積流量和聲量，招生時才容易被看到。

很重要的一個前提是：你能夠開多久？在這行裡，很多知名的講師第一次開培訓課二十人滿班，第二梯次就只剩小貓兩三隻，然後就沒有然後了。

這其實和行銷沒有太大關係，而是你教的東西到底有沒有用，以及你的教學和你這個人是否值得他人追隨，白話講就是「口碑」。某些脫離健身房或其他培訓機構的講師，開口閉口就批評、甚至貶低其他講師和機構，他們不知道這麼做其實是在摧毀自己的個人品牌。

培訓事業的基石就是進階的人際關係，以和為貴，才是讓培訓事業長長久久之道。

網紅型教練

許多網紅型教練同時經營 YouTube 頻道、Podcast、臉書粉絲團和ＩＧ，這類型的教練，其實光靠業配收入、經營自己的團隊和販賣自己的產品，收入就已經很可觀了，但看來看去，真正成功的就只有寥寥幾位。

如果你很幸運的在ＩＧ或臉書粉絲團追蹤人數有超過三千，甚至上萬，就可以利用自己的名氣開小班型團體課，也就是變相的小型培訓課程，一個人收八百元，每班八至十人，上一次課的收入可以高達八千至一萬元。

這樣的經營方式，也可以同時確認自己的粉絲是不是可接受付費，而不是只是幫忙按讚的。社群媒體有一句話說得很好：「一百個讚比不上一則留言，一百則留言比不上一次購買。」

所以我常對我的學員說：「尊重專業，請先付費，唯有付費，才是真愛。」

當你有固定的大量粉絲後，一定要讓你的粉絲習慣購買你的課程、你的商品，才是網紅型教練的經營必勝之道。

健身教練能有哪些發展呢?
Goal:78787878
管理&顧問職
我很貴
高價教練課
四大
方向
不教課也有錢
開班授課
Slide by：查德

經營主管&顧問職
前置技能
忍受前期薪水，比教練低
見人說人話，見鬼說幹話
鼓勵教練，做業績和上課
後期預估月薪:15~25萬
Slide by：查德

經營主管&顧問職
技能點到+10後你會:
在產業有呼風喚雨的能力
快速讓一位教練年薪百萬
單位小時收入超過三千元
後期預估月薪:15~25萬
Slide by：查德

高價教練課&開班授課
技能點到+10後你會:
擁有選擇客人的權力
言行舉止，是同業的標竿
擁有更多的，時間自主權
後期預估時薪:2500~10000$
Slide by：查德

如何不教課也有錢?
前置技能
社群經營，分享有用知識
天天找哏，燒腦燒到禿頭
什麼都學，網站簡報全包
前期吃土時間:365天以上...
Slide by ：查德

如何不教課也有錢?
後期賺錢來源有:
線上課程，自動幫你賺錢
遠距諮詢，在家也有收入
直播業配，培養通識技能
聯盟行銷，等著慢慢分潤
後期:在健身房練握推也能進帳
Slide by ：查德

6-8 不當教練開健身房，就能賺更多錢嗎？

去年，在查德開的健身教練生涯規劃培訓課程裡，我問了學員們：「你們想開健身房嗎？」

一半以上的同學舉手，也有好多人說：「我想要有自己的工作室。」

「好，現在我會給你們一份題目，請你試算一下，老闆賺了多少錢？」我不緊不慢地說，「這間健身房有十五位員工、五百位會員，房租十五萬，每月營收一百五十萬，包括會籍收入五十萬、教練課收入一百萬，銷課佔七成。」

學員正要開始計算，我又說：「這間健身房佔地一百坪，裝潢器材一共花了你一千萬。好了，請你們花五分鐘試算，這間健身房每個月的成本是多少，老闆可以賺到多少錢。」

沒多久，我慢慢聽到一些低語：

「成本應該是八十萬吧？」

「老闆應該可以賺到三十萬以上吧？」……

經營健身房沒你想的那麼簡單

當我公佈答案時，很多同學下巴都差點掉到地板上。

「各位，這間健身房老闆每個月只能賺到五萬，因為雖然營收有一百五十萬，但銷課只有七成，代表你的真實收入只有一百二十萬，而成本一百一十五萬，也就是你投資了一千萬的結果，每月報酬率只有百分之〇．五。」

等到他們的嘴巴都能合攏了，我才又問：「聽到這裡，還想開健身房的人請舉手。」

接下來，教室整整安靜了長達三十秒，如果有人剛好走進教室，恐怕會以為是在做瑜珈大休息呢。

「即便狀況不好，但危機就是轉機，現在，我要請你們就剛剛的條件，在不能動房租、水電的狀況下，不管是砍員工或調整獎金制度，想辦法讓健身房獲利更多，給你們十分鐘的時間，討論開始。」

話一講完，大家開始動作。這一次，我聽到了不同的討論聲：

「櫃檯砍了改成請工讀生，然後多請兩個教練。」

「減少教練的獎金，從抽五成改成沒有底薪。」

「業務、櫃檯全砍，留教練就好。」……

就這樣，這一次討論完，調整過後雖然好些，從獲利五萬變成十五萬，但是，如果不是獨資，還要和股東拆帳呢？

我再一次問學員：「投資一千萬每個月賺回十五萬，這樣的收入，你會想開健身房的人舉手。」這一次，還是沒人舉手。

我點點頭，說：「好的，各位同學，你們都傾向裁掉櫃檯、業務，只留教練，但你們做的事情，就是那些倒閉的工作室曾經做過的事情。」

真的嗎？不會吧？你一定會懷疑我的說法，但我要提出兩點你忽略了的看法：

資源安全性

當沒了櫃檯、沒了業務，所有的資源都掌控在教練手上，只要有一個教練離職，就有可能帶走你近半數的學員，走了一個，你的業績最少損失十五至二十萬，走了三個你就要從零開始。櫃檯如同守門員，可以幫你避免資料外流，裁撤櫃檯雖然能減少一些人力支出，卻很有可能因小失大，必須慎重考慮。

適當的獎金制度

大家都是教練出身，會想對教練好些無可厚非，但你要思考一件事：如果你把毛利的百分之七十五都給了教練，那也就是說，一百萬的營業額只剩二十五萬可以付房租水電、攤提開銷，你能夠撐多久？調高獎金後你只會得到一種結果——不歡而散。

與其給得高，不如給得巧，大家在意的其實不是錢，而是歸屬感。

倒閉的店都有個好心的老闆

聽我這麼一說，教室內彷彿做了第二次冥想練習，最後，我用一句話收尾：「情懷是開店的初衷，但倒閉的店都有個好心的老闆。」

那堂課不是要給學員希望和未來，而是要教學員面對現實，就像這篇文章，我想帶給你的啟示是：創業前要先備好退場機制。

開店最重要的一件事就是賺錢，只要公司無法獲利，什麼夢想、理想都只會是空想。

麻煩的是，當你下定決心要賺錢時，你面對的很可能是空有情懷的教練，如何溝通協調，將會是你帶領團隊的第一道難關。開店本就困難，所以有些老闆為了省錢就走非法路線，不給員工勞健保，想方設法壓榨員工，但是，夜路走多了終究會碰到鬼。

開健身房是很棒的夢想，但開店之前，請先扎穩馬步、練好基本功，那是你創業成功的大絕招！

6-9 賺到多少你才覺得夠？

初次聽說某健身房的高層一年就能賺一千萬時，我心裡想：「年收一千萬！我這輩子可能沒辦法了吧？」

但是，當某年收入第一次突破兩百萬時，我竟然連一絲欣喜、雀躍的感覺都沒有，那時才理解，原來我根本沒有那麼喜歡賺錢。

六年前某日凌晨一點，我和經理結算過後，發現我們完成了百分之一百二十五的團隊目標，經理和團隊夥伴興奮到欲罷不能，大喊著要去哪裡唱歌慶祝，但我卻只想到：「我老婆睡了嗎？」

人才走出健身房，我就開始思考：「這是我想要的未來嗎？」

回到家裡，望著已經熟睡的老婆，我想通了：「不！這不是我想要的生活。」

原來人，是無法退休的

某天翻了一下我的日記，曾經設定的目標是「三十五歲退休」，但今年的我已經三十二歲了，還有機會三十五歲就退休嗎？

看著日記，我想起了貴人陳先生對我說過的一句話：「人是無法退休的，一定要找事情做。」當時的我想賺錢、想早點退休想瘋了，根本聽不下去，直到某一天，我竟短暫體會了退休的感覺。

那是四年前快年底時，我離開了挖角我的公司，下一個工作，也在離開後的兩週後就找到了，說好過完農曆年再報到，等於工作了七、八年後，終於有一段稍長的休假時光。

但是，才休息了一星期我就快瘋掉了！每天要面對的，除了兒子四小時換一次尿布，這新生代小惡魔還會整天推著娃娃車走來走去，在家裡四處搞破壞。累是不累，而且再也不用追趕教練的業績，再也不用面對繁瑣的跨部門溝通，但總覺得每天只做家事的我好像窩囊廢，很沒有用。

好不容易有個長假，我的上進心卻是忐忑不安。說好農曆年後才上班，我一直告訴自己：「七年沒放長假了，難得休假兩個月，一定要好好玩一下。」所以我規劃了兩個旅程：我自己先徒步環島一周，環島完再帶全家大小去日本。

光是訂了目標就很有成就感。然而，就在出發環島的前一刻，因為天氣太冷又下雨，我就選擇「火車配租機車」的方式環島。

記得第一天來到宜蘭火車站時，聽說縣政府的花燈很好看，心想沒有徒步環島已經很遜了，從火車站到宜蘭縣政府這一段就走路吧。那五公里路，平常我花個二十分鐘就跑完了，但這次我用走的，花了快一個小時。

這輩子，總有一個使命等你完成

當原本都用兩倍速快轉過的生活，突然慢了下來時，我發現，「靜心」是種磨練和修練。

「效率」不再是王道時，我要怎麼慢下來過活呢？走著走著……不知怎麼浮現了個莫名其妙的念頭：

如果今天不考慮賺錢的話，我會想做什麼？

才休假沒幾天，我就發現自己沒有比上班時開心，開始覺得自己很不知足、很不應該，甚至開始在自我鞭打。

想著想著、走著走著，一小時後縣政府到了，那些繽紛的花燈，好像在黑暗中為我點燈一樣，指引著我的徬徨人生。

我究竟想做什麼？如果可以，我想在這輩子唯一想待的產業裡做一件事情——為後來的新教練們、為正在奮鬥的教練和主管們點一盞燈，一盞未來該怎麼走的燈。

我現在正走著的路，是曾經有人走過，但還沒到「成了路」程度的草徑，路上還有很多碎石、水坑，我不求走得快，但求走得安全，於是我開始寫作，開始分享自己在健身產業的點點滴滴。

漸漸地，開始有人對我說：「看你的文章可以讓我工作時有更多熱情。」「我的會員因為看到你的文章，跑來感謝我。」

如果這時候，我放下經營的這一切走回頭路，豈不是對不起那些看著我前進、默默支持的教練？

所以我不會回健身房了。我不是討厭健身房的生活（我很喜歡健身房快速的工作節奏），只是覺得我有更重要的事情要做。

如果讓教練們知道「要怎麼努力可以讓自己過得更好」是我的使命，這個使命確實很有趣也很值得奮鬥，不是嗎？

第七篇

做好教練生涯規劃，未來沒煩惱

7-1 是辭職的時候了嗎？

某次教練銷售攻略培訓的午休時間，學員大毛走過來問我：「查德，你覺得教練工作能做一輩子嗎？」

我笑著說：「工作能不能做一輩子，來自於多數人還有沒有需求。舉個例子好了，十幾年前國道的收費員曾經是鐵飯碗，但在自動收費系統上線後，他們就失業了。為什麼？很簡單，這工作沒有需求了。」

「所以你的意思是，教練能夠做多久，取決於有多少人想要運動嗎？」大毛又問。

我說：「目前應該是，但是科技產業已經研發了不少機器，能感應人在做運動時的狀態，如果動作錯了的話，就會發出要怎麼調整，以及肌肉應該如何用力的建議。」

我喝了一口水，繼續往下說：「如果機器一次給過多建議，其實多數人反而不知道該怎麼做比較好，但是對於有經驗的人，也許他就知道如何調整了。」

大毛：「也就是說，有經驗的人就不一定會上健身房訓練了？」

我答道：「可能是，也可能不是，除非他家有擺一堆足夠的訓練器材，不然還是有很大的機會得上健身房——但是，請教練的機率可能就變低了。」

當天下課後，我在漢堡王吃晚餐，順便做些課後自我評估時，這段對話一直在我腦海中如蒼蠅般揮之不去，仔細思索：

「健身教練會不會被科技所取代呢？」

「如果拿掉了專業和動作調整，還會有人會想找教練上課嗎？」

我的結論是——還是有機會。以一個頂尖的教練而言，除了能快速給予動作調整的回饋，還能激勵學員、甚至成為人見人愛的教練。我相信，好教練不太可能會被科技取代。

除非你自己不想再當教練了。

教練當久了，就會……

時不時就會有教練朋友問我：

「查德，我當教練五年了，每天七堂課的日子，好像吃雞肋一樣食之無味、棄之可惜。我是不是應該……？」

「我在公司業績很好，是不是該開一間工作室呢？」

「我現在學生很多，也大多願意跟著我去外面上課，是不是轉當自由教練的好時機？」

教練當久了，想來想去無非就是這三點：

- 我該出去創業嗎？
- 離開健身房去工作室？
- 轉當自由教練會不會比較好？

再怎麼有趣的工作，做久了總會有厭煩的時候，這是很實際的問題。如果你真的很想辭職靠自己，查德有三個評估準則給你參考：

考量自己招生的能力

要是你自認不適合管理階層的工作，嘗試獨立不是壞事，但是，查德建議你遞辭呈前先想想：如果你在臉書、ＩＧ公開招生，一個月願意來找你上一對一教練課的有幾個？你自己借教室開小班制團課的話，有幾個人願意來上？以PT來說，每個月只要有兩到三個，就夠你撐上半年；如果是小團課，就算一人只收四百，只要一次能招收六到八位，並且每月能開兩至三班，就已經有足夠的底氣了。

想當自由教練的，查德建議你成立公司行號，支出收入記載明確，會是較佳的選擇。

弄清楚自己要什麼

別期待改變環境就一定能改善你的處境，在健身房或工作室要上課、賣課、教學，當自由教練也要上課、賣課才活得下去，而且，一人工作的瑣碎成本肯定比你想像中還多很多，包括：

- 會員訓練日記製作（除非你不記錄會員資料——不會吧？）
- 刷卡金流（除非你堅持只收現金）
- 行政表格（行事曆、課表雜項、學員表格、每日進帳……）

- 會計記帳（客人買了二十堂課，上了四堂時其實你只有賺到四堂的錢，其他都是負債，而體育署規定一個月只能賣八到十二堂的教練課，超收不符合定型化契約，除非你有跟銀行信託，但這只有大型連鎖健身房才做得到）
- 課程合約（沒有合約，客人臨時取消你就拿他沒辦法）

在自己應付雜事之餘，如果只是換了環境卻沒有換思維，更沒有同事幫忙，那種孤單、不舒服的感覺可是勝過業績壓力。

我學員很多，該開工作室嗎？

多數開工作室的老闆，本身都有不錯的學員經營能力，卻不代表就有管理團隊的能力，而這還不包括教練團隊的徵才、育才和留才（你會想當老闆，優秀的員工也會這樣想）。

在台灣開健身房，不僅法規麻煩、房租成本高，人事成本也高，真的是要如履薄冰、戰戰兢兢才有一點點賺大錢的機會。

開店時你信誓旦旦：「我要對教練好一點，給他們抽多一點！」

一等第一個月發完薪水，你這才發現，給教練六成獎金，再扣掉勞健保、房租後，自己賺不到淨利的百分之五，你投入的那一堆錢什麼時候才能回本？所以，接下來你就會做一件事情——改制度。

制度一改（當然是對你有利、對教練不利），教練就會開始抗議：「可惡，慣老闆！砍我們薪水！我要投訴！我要離職！」沒多久，優秀的教練開始離開，同時帶走學員，你又得從頭徵才、育才⋯⋯。

相信我，這才只是當老闆的冰山一角。

自己創業的最大好處，就是做自己想做的事情，但想做的事情還是不能違背市場機制，你不必是賈伯斯或馬雲那般的神人，但還是得有看清未來趨勢、提前卡位、站穩、領先的能力。

以查德自己為例，我的定位是「經營教練銷售」和「教練生涯規劃」，只要站穩了，就算有競爭對手也沒什麼好怕的，因為第一的地位已經鮮明，第二、第三個跟進者想趕上就會很吃力。

是辭職的時候了嗎？離也好，留也好，如果你的考量只是多賺錢，通常不會有好下場。創業要為了產業、為了社會而做，才有源源不絕的動力，否則，暗潮洶湧的市場遲早會把你吞沒。

7-2 離開大公司後，最重要的能力是什麼？

二〇一七年三月，是我在大型連鎖健身房工作的最後一個月。我記得，那個月我的團隊達成率是百分之一百二十五，我和主管鹹蛋姊，確實一起創造了一支很棒的團隊，不論再過多少年，我都會以那時的團隊為榮，更永遠感謝當時主管的栽培。

隔月，因為被挖角的關係，我即將開始在國際連鎖健身房擔任經理職。

聽到這個消息時，同事和學員都很驚訝：

「為什麼要離開？你遲早會升經理的！」

「為什麼要離開？團隊都那麼穩定了！」

「為什麼要離開？是不是做得不開心？」

健身教練實力的大考驗

其實，打從上班的第一天我就知道，大公司不會是我教練職涯的終點。的確，繼續待下去，應該不必等太久就可以升經理，但我認為，那就是天花板了。

除此之外，我也知道以我叛逆、古怪、好奇心重的個性，不適合在大公司待一輩子。

最重要的是我想證明：即使不在大公司的保護傘下，我還是能走出一片天。但是，才到新公司報到，我就被震撼到了——我以為國際品牌肯定會有完整的系統，但我錯了！

第一天上班，在沒告知我的狀況下，公司就直接幫我排了八位學員的體驗課，我只好在不清楚公司文化的狀況下，憑著過去的經驗且戰且走。

雖說是國際品牌，但這家健身企業當時還只是台灣的新品牌，通常消費者還沒有對新品牌有信任感前，是不會輕易掏錢的。

我之前工作的連鎖品牌早經磨礪淬鍊，非常擅長打造有購買環境的氛圍（包括設備、音樂、裝潢、團隊、破冰……，包裝在一起，才能築起銷售的氛圍），但在新品牌的預售點，這種銷售氛圍還沒有成功打造出來。

以前只要花上三到五分力，就可以讓對方花五到十萬買課程，但在全新的工作環境裡，即便全力以赴了，也可能只讓對方願意先花兩萬元、買十二堂「試試看」。

當沒有品牌與銷售氛圍的加持時，才真的是健身教練實力的大考驗，也就是說，當公司武器不強時，你自己一定要夠強大。從那次的經驗裡，我整理出了兩個能力：

一、第一印象＋講重點

二、微體驗

為什麼是這兩點呢？

大多數的健身房，空間都不像健身房那麼大，可能光站在門口，整個健身房就已一覽無遺。

我工作的健身房也是。好幾個訪客來參觀時，開口第一句話都是：「你們的器材就這些？」這是什麼意思？沒別的，就是失望。

環境不夠力，教練就要很夠力，才能讓看一眼就想走的人留下來，聽你介紹他看不到的地方。成功留下客人後，下一步又該怎麼做呢？引起對方想在這裡鍛鍊身體的興趣。

一定要有讓學員喜歡運動的能力

什麼東西最能引起潛在客戶的興趣？

對品牌沒信任感的人，根本不想聽你講專業，大多只想知道「多少錢」，而只要你一報價，他大概也只會跟你說：「蛤，好貴喔！」

所以別急著報價，要先準備好幾個簡單的問題，讓對方能夠開始跟你談話。別拘泥於問專業問題，只要不是白目話題，對方覺得好回答的都可以。

比如你可以問：「平常有健身運動的習慣嗎？」「你最想練的是臀部還是腹部呢？」「你是想要瘦身，還是練線條？」快速獲知對方的需求後，馬上切入下一招：微體驗。

這就是查德的私人教練銷售攻略——以很廣泛的推薦方式，在運動教學裡融入大賣場的試吃概念。

對方也許是剛好路過，有點好奇而已，但對小公司來說，一整天店裡可能就只有這一個人「主動」走進來，一定要讓對方覺得這裡很有趣、很專業，才能增加成交的機率。

接著，成功問出想要鍛鍊的部位後，就別再聊下去了，馬上帶他做個十秒或三十秒的運動。看到這裡，你可能會想：「馬上運動？身為專業教練，不是要先帶動態熱身和啟動肌肉嗎？」

很遺憾，當訪客還不是你的學員時，不會有意願聽你講動態熱身和啟動肌肉有多重要的話題，因為他對這個環境還充滿了疑慮，不先消除他的疑慮的話，一切都無法繼續下去。

讓訪客覺得好玩，然後感覺自己很需要運動，就能轉移他的疑慮。一個好教練，一定要有讓學員喜歡運動的能力！

學員不想接受你訓練時，你再專業也派不上用場，健身產業是服務業，先服務，再專業！

7-3 別期待公司養你一輩子

小E是一間中型在地健身房的熱血中年男教練，也是家裡唯一的經濟支柱，所以為了養家活口，公司政策再怎麼讓他不滿、不爽，還是都會全力以赴、達成業績要求。

每年春酒後，公司高層總是大喊：「今年我們要拓展三家店！」而且也真的說到做到，和小E同期的一些同事，為了升官、薪水、尊嚴，一個又一個轉調去了新店，就跟知名廣告一樣，三個願望一次滿足。

小E卻選擇繼續當基層教練，因為他的想法很單純：「我不冒險，只要把學生顧好、家庭顧好就好。」

公司的制度說變就變

不幸的是，某日例會公司的經理宣佈：「公司要調整獎金制度，請大家共體時艱，如果狀況沒有轉好，下一步就得開始裁員了。」

小E聽到後整張臉都綠了。獎金這一「調整」，原本八萬的月薪瞬間蒸發了兩萬，付完房貸、小孩的註冊費，全家就只能吃土過日子了。

憤怒是必然的，所以小E立刻去找經理爭論：「我們為公司努力做業績、用心上課，結果獎金制度說改就改，那我們過去的努力是為了什麼？」

經理無奈地說：「這我也沒辦法，獎金制度不是我能作主的事，就連我自己也不知道這個經理還能當多久。我都四十歲了，現在公司的營運又在走下坡，我怕我都要開始找新工作了。」

小E：「怎麼會這樣？公司的狀況真的很差嗎？獎金制度的改變完全沒有轉圜的餘地嗎？」

經理只能搖頭嘆息。

更糟糕的是，才過三天，公司政策又再一次大轉彎，宣佈過去每月業績未達二十五萬的教練「只做到這個月底」，至於資遣費嘛……還要等財務評估過後，才知道有沒有辦法領到。

小E已經在這家公司裡奮鬥了將近五年，怎麼也想不到會首當其衝，成為第一個被請走的教練，心中沒有難過，只有煩惱：「下個月的房貸該怎麼辦？」

小E的狀況，你我都有可能遭遇。過去，社會總是告訴我們，只要找到一間好公司、努力做，就會過上好生活；現在，個人的經驗總是告訴我們，隨時都要有備胎，多方嘗試才會有一片天。

只做好本分工作已經遠遠不夠了，即便有幸進入一家好公司，上頭交代任何超過本業的工作時也絕對不要輕易推開。業績顧好，還能兼做其他工作，大難來時被開刀的就不會是你，因為你的附加價值正是一道「職場護身符」。

大者恆大，小就是美？

現在公司經營不容易，房租貴、法規麻煩，除非是產業龍頭，否則公司往小規模發展已經是趨勢了。

現今台灣大部分的健身公司都願意以底薪制的方式聘用教練，相較在國外某些地區，就只能當個自由教練，每月付健身房場地費，但現場的所有會員你都可以毛遂自薦、推廣你的教練課，這時銷售的重要性又更高了。

這樣的趨勢，什麼時候會進到台灣呢？我不知道，但我敢說，在各種營業成本持續增加的狀況下，這種健身房經營模式隨時都有可能出現。

許多選擇自己開業授課的教練，帶了熱忱卻沒帶本事就出來闖江湖，前一、兩年一般還撐得過去，第三年就換了招牌的大有人在。

如果你的公司願意讓你只要輕鬆教學就可以領薪水，真的不要高興得太早，畢竟政策這種事，就跟天氣一樣說變就變。

多學點不同的本事已備不時之需，真的很重要。當然，如果你在一家體制穩定、業績好的大公司，能往上衝多少就衝多少吧。

過程一定辛苦，但能學到和得到的絕對讓你意想不到。

7-4 專業至上與商業考量

剛上完第一張證照 FISAF 時，那時我眼裡有光、心中有火——我終於可以離開飯店業，踏入真正的健身產業了。

結果，上工後才知道，要先經過三個月的考核，才能升為正職教練，而所謂的「考核」，就是「每個月要做到八萬業績」。

健身教練三餐不健康

沒升正職之前，我只能領時薪一百二十元（當然做業績上課還是有獎金的，記得那時一堂課抽一成吧），因此，「吃飯」曾經是我最大的噩夢。

第一次走到樓下的便利商店買午餐時，一盒八十元的排骨飯就讓我站在便當區定格看上三十秒——拿起來看一下，搖搖頭放下去，想一想再拿起來看一次。「好貴唷！肉不到我半個手掌大，飯好像還不到一碗，肯定吃不飽。」

最後，我走到旁邊拿了一根起士熱狗，一個超大菠蘿麵包，再配一個甜死人的麥香紅茶，滿長一段時間裡，這就是我在健身房當教練的每一餐，七十元有找。

營養學家說：「每餐除了穀類，還要有一碟蔬菜、一份水果、一份堅果。」

看到我吃這種午餐的學員可能會說：「你是教練耶！怎麼吃得這麼不健康？」

沒錢的時候……有得吃就好了！

拚了三個月，吃了不下兩百次的起士熱狗和大菠蘿麵包，終於升上了正職，底薪、業績獎金加上課，薪水勉強達到四萬，可以跟熱狗和麵包的搭配說莎喲娜啦了！

海明威說過：「生活總是使人遍體鱗傷，但最後那些受過傷的地方會成為我們身體最強壯的地方。」

自從多年前體驗過在便利商店買什麼東西都要先看價錢的日子後，我發誓再也不要回去過那種生活。那個排骨便當的重量只有五百公克，卻讓當時二頭肌可以舉三十公斤的我覺得超級沉重，彷彿比三百公斤的槓鈴還重。

別以為有一技之長就可以過活

也許你不認同我，覺得就算沒錢還是要堅持專業，不必學習其他技能，但我一直相信，專業是教練的本，但不該是教練生涯中學習的唯一技能，尤其是商業技能。

「社會的組成是商業，商業的本質是交易」，任何行業、產業都擺脫不了這個說法，離開學校、證照培訓後，任何教練都得在商業的大旗下打拚前程，非黑即白的二分法，把我們教育成以為只要有一技之長就可以過活，事實卻是：單靠一種技能根本無法養活自己。

一個教練，除了展現專業技能，也必須：

- 講學生聽得懂的語言，這是「溝通技術」。
- 外型要打理到賞心悅目，這是「形象管理」。
- 語調要有抑揚頓挫，這是「個人魅力」。

- 學會照顧自己的情緒，這是「情緒管理」。
- 妥善安排工作時間，這是「時間管理」。

你會發現，除了專業之外，有太多東西值得我們投入學習，沒有最好的教練，只有更好的教練，所以看完這篇文章後，請開始正視自己的弱點，強大自己的優點。也許要做的事情很多，但你要知道一件事情，健身教練是在職場工作，不是在學校念書上學，擁有更多技能，是讓你強大的關鍵。

也許你是一位肌力強大的教練，但如果你不懂得傾聽學員的需求，不懂得同理心的溝通，學員也不會想跟你上課，更讓你的專業無用武之地。

沒錯，最好的自我行銷必殺技就是「傾聽」與「同理心」，如果你學會了，健身教練這工作你絕對能輕鬆駕馭。

你的強大，決定你的自由。專業想被看到，就要下功夫學習專業之外的能力。

7-5 謝謝你當年虐過我

I gotta move like jagger, I gotta move like jaggr……

在健身房裡工作，每天的考驗不只是應付追不完的業績，還要聽上十小時的夜店舞曲。

每一位世界拳王都相信：「掌握了節奏，就掌握了拳賽。」要讓健身房成為你的伸展台，一定要「習慣跟著夜店舞曲的節奏」工作。

在高標準的業績要求下……

為什麼健身房都要播放快節奏的音樂呢？目的是要配合人類的心跳速度。

人類在運動時，每分鐘心跳會達到一百三十至一百八十次，如果環境能接近我們的心境，就容易產生較佳體驗。

在較佳體驗的狀況下，消費的機率就會上升。根據一份研究，美國企業 Dunkin Donuts 採用此方法，將客戶到店率提升百分之十六，銷售額增加百分之二十九，採用這種方法的大型健身房呢？事實擺在眼前——目前台灣最大的健身房，分店數也已經破百。

我在大型健身房度過的歲月，除了接受夜店音樂的轟炸，更重要的是在那種急迫的節奏下找出願意買單、一直買單的學員。

雖然我已離開那種工作型態好一陣子了，至今在健身房裡每天兩個預約、活動日六個預約的業績傳統要求，依然是常態。

說老實話，當年一聽說業績要求這麼高的時候，心中只有一句話：「最好啦！誰做的到？」記得在高標準的要求下，公司的預約表會出現兩種現象：

一、假預約

二、再續約（每次上課的學員不論剩多少課，都會被要求再規劃增加堂數）

不管是哪一種商業手法，只要過去成功過，都會沿用下來，套路看似膚淺，其實真正的奧妙還是「事在人為」。

受不了這種壓力的新手教練，有些會突然在辦公室裡發飆：「可惡！我不要再逼客人買課啦！」沒過多久，就用投手丟球的姿勢把離職單甩在經理臉上，瀟灑的走出教練辦公室。

看到傻眼的我，那時還真有點羨慕：「哇，好有氣魄！」只不過查德還有債要還，不能有樣學樣。

日漸向中年男子靠攏的我，只能用「大丈夫能屈能伸」來安慰自己。

默默巡場，耕耘人際關係

一天兩個預約，等於一個月要四十個預約，說真的我做不到。但是我也發現，比起衝預約數更容易的事，就是提早開單，完成業績目標（當時是二十至二十五萬）。

大多數教練沒課要上時，大都選擇龜在教練櫃檯，等著爭取有錢中年大哥大姊的青睞，但我既懶得搶，更搶不贏，寧願默默地在現場尋找我的「真命天子」。

就因為這樣，我磨練出了十秒鐘內打開話匣子的能力。這種能力，從不會到會要很久，從會到很會只要一下子，而且很有效，才在健身房工作到第二個月，默默巡場耕耘人際關係的我，就做到了二十萬業績，其中大多是在現場認識會員，銜接教練體驗課流程。

我認為，真的能讓教練年收百萬的關鍵，不是推銷新入會會員，不是等新單自己上門，而是一個被遺忘的技能——現場開發。

教練離職時，多少都會抱怨前東家，說不抱怨太假了，但千萬別結怨。有些苦只是當時沒跨過，但那些苦就跟當兵一樣，回頭看去，其實給了我們很多能量。因此，我常想對前東家說：「謝謝你當年虐過我，虐出了我強大的抗壓性。」

7-6 永遠要記得你是誰

你聽過這句話嗎：「生在籠子裡的鳥，認為飛翔是一種病。」

哈佛商學院有一個傳統——在學生畢業前的最後一堂課，教授會講一個故事做為學生畢業的送別禮。當我讀到《記得你是誰》（*Remember Who You Are*）這本書的最後一章時，有股鼻酸感。

走出家門時，提醒自己明辨是非，別讓別人牽著鼻子走，要記得你是誰。

這是柯拉克教授的母親送給他的一席話，也是教授送給哈佛畢業生的智慧箴言。另一句話也值得我們深思：

你是個領袖，別被他人意見左右，去做不符合自己個性和正確觀念的事。

你願不願意「忘了我是誰」？

我們是否在世俗的社會中，忘記了自己是誰？

你是個懷抱理想、熱愛工作的健身教練，如果有那麼一天，老闆對你說：「這個月完成百分之一百二十五的團體業績，我就升你做經理。」那麼，你會不會因此違背自己的誠實原則，欺騙會員、欺騙同事，不擇手段完成目標，「把握」升任經理的機會？

當你有機會得到世俗認定的高薪工作、月入十萬元或甚至更多，但代價是你得放棄你的自我、你的理想（可能是放棄你當教練的原則，可能是忘卻你做這行的初衷），你願不願意「忘了我是誰」？

到頭來看，所謂的自我實現只不過是月入十萬元，但漸漸地你習慣了背叛自己，一天一天成為了欺騙自己的高手。

連自己都能騙時，騙別人這種小事有何可懼呢？

比起努力不懈，有一個更重要的事情是，永遠要記得自己是誰。

為什麼查德想做教育訓練？我的教練事業剛起步時，每一次的學習、每一次的進修總是會被人瞧不起。

「看書有什麼用？我們有業績就好啦！」同事會這樣調侃我。

「教練不用那麼專業啦！會賣就好了！」主管會這樣嘲笑我。

那時的我只有「低調」兩個字可以形容，似乎連努力也得偷偷摸摸。但是，我仍然不願意放棄學習這條路，離開健身房當講師後，也不斷鼓勵教練們多多讀書。

不斷提醒自己，直到生命結束

為什麼要學習？因為我記得我自己是誰——我，是一個有好奇心、善良、誠實、樂於貢獻的人。

在我當經理時，曾經一度幾乎忘掉了「我喜歡教學，喜歡透過培訓讓人成長」這件事。那時業績壓力很大，讓我很排斥教育訓練，覺得花太多時間準備得不償失。

但是，某次有一位教練離職時對我說：「你的內訓，是我在這裡工作時學到最多東西的時候，我不喜歡這裡，但我會懷念你的教導。」他的肺腑之言，剎那間讓我想起自己是誰。

其實，人生最大的痛苦除了吃不飽外，就是不能做自己。每天「見人說人話，見鬼說鬼話」，會像把利刃不斷割傷自己，直到我們變成冷血的人為止。

查德要請你每天問一次自己是誰，自己的原則是什麼，希望你不斷提醒自己，直到生命結束為止。

讀完《記得你是誰》後，我翻到封底，看到上面印著這一段話：

漫漫人生無論走向何方，都別忘記自己的價值理念，找到指引人生方向的原則，然後忠於它，並且守住它——記得你是誰。

是的，我想起來我是誰了，你呢？

7-7 如何成為你心目中最強的健身教練？

本書的結尾，查德要跟你分享五大重點，這五點會讓你在教練職涯上，遇神殺神，遇魔斬魔，關關難過關關過。

成為最強教練的重點1：莫忘初衷

你是何時開始健身的呢？為什麼後來又會想當教練呢？

我相信一定不是為了賺錢，一定是因為健身觸動了你的內心、感動了你，因而想要當健身教練。

二〇〇四年時，我體重高達一百零一公斤，當時正沉迷網路遊戲「天堂」，在遊戲裡面認識了我的初戀小D，邀約見面，但是她一知道我的體重後就覺得我太胖，不太想跟我見面，於是我信心滿滿的對她說：「如果我能瘦到八十五公斤，你願意和我見上一面嗎？」

螢幕裡遊戲的畫面跳出來一個字：好，這個「好」字，讓我有如吃了興奮劑般開心莫名。

為了快點約到小D，我報名了健身房開始健身，遇到了一位好教練「阿豪」。阿豪每次看到我就熱情地招呼我，教我怎麼訓練，更讓我慢慢了解健身的訣竅。

為了見面時不被打槍，我晚餐只喝香蕉牛奶，每週跑步三次，每次三千公尺，一週去健身房做兩次重量訓練。三個月後，我真的瘦到了八十五公斤，也約了小D見面，這是我人生中的第一次脫單，但這段戀情因為遠距離戀愛，不到三個月就告吹。

雖然我被甩了，但是健身沒有甩掉我，我開始和健身談戀愛，因為健身，讓我從宅男變成硬漢，鍛鍊了我的心智，改變了我的一生。

你還記得為什麼當教練嗎？找一張白紙寫下來，並且貼在家裡的牆壁上，時時刻刻提醒自己，幫你在遇到困難時找到堅持的動力。你的初衷就是你當教練的原動力，所以請你「莫忘初衷」。

成為最強教練的重點2：自律

要如何成為你心目中最強的教練？也許你會想說，當然是鍛鍊專業！當然是練好身材！當然是練好運動能力！請你記得一件事情，一位立志成為最強教練的人，絕對不會把專業和鍛鍊拿來說嘴。因為專業的培養、身材的鍛鍊，運動表現的提升，只是最強教練每天的習慣。你可不會看到股神巴菲特或馬雲自我吹噓能力多強、多專業。

為了成就更好的自己，你必須擁有更好的工作態度、提升心理的耐挫力與職場競爭力，更要不斷強化同理心的傾聽和讓人聽了舒服的提問技巧等等，因為這些對高手來說只是一種習慣，也就是我所謂的「自律」。

如果你的專業已經達到天花板了，是不是應該找更厲害的教練指導你，幫你突破能力的天花板呢？如果你想當講師，但不擅長演講，是不是應該去上頂尖講師的培訓課，從觀摩他的教學技巧來學習呢？如果你想創業，但不擅長行銷，是不是應該放下顧慮，開始學習你需要但還不會的行銷技巧呢？

為了成為最強的教練，你是否願意踏出舒適圈，享受不舒服的感覺呢？人生一定會踢到鐵板，但踢久了，你就會變成鐵板，百踢不破。

要變強，請先自律，沒有自律，只能自我毀滅。

成為最強教練的重點3：傾聽

健身教練為何可以在近年來成為一門值得經營的事業？自從二〇〇二年「加州健身房」進駐台灣，開始大量推廣私人教練課程後，讓健身教練成為一門可以賺到錢並有事業發展的工作，在此之前，健身教練多數只能領兩到三萬元略高於基本薪資的薪水。

私人教練課為什麼有存在的價值？因為它能解決學員的需求。那我們要怎麼知道學員的需求呢？答案是「傾聽」。

一個懂得傾聽的教練，在面對客戶考慮時，不會果斷放棄，而是透過提問，了解對方真實需要、考慮的原因，藉此提供更好的服務，來滿足對方的需求。

一個懂傾聽的教練主管，在面對團隊衝突時，不會用高姿態教訓員工，而是放下己見，了解真實的狀況，進而創造更好的團隊氛圍。

一個懂傾聽的健身房經營者，會透過傾聽客戶需求，創造絕佳的場館環境與課程服務。

上帝為什麼給我們兩隻耳朵一個嘴巴？就是要我們多聽少說。

如果你不是一個好的傾聽者，你肯定無法做到以上這三件事，更無法創造自己的市場價值。

成為最強教練的重點4：心態韌性

健身教練是一個高壓力、高勞累的工作，教練就像「勞力士」，過勞的人容易放棄，更看不到未來。在這環境下，誰的抗壓性越高，誰就能夠撐得越久，越有機會做得好。

健身房就像是社會的小型縮影，雖然會有不錯的同事，但一定會遇到機車的主管、搶你業績的同事，以及不尊重專業的學員。

一開始遇到這類鳥事，心情一定會不好，甚至讓你想離職、想轉行，但是請聽我說，經歷過鳥事，才能成就我們做大事的能力。

查德的人生絕非一帆風順，在至今為止的人生中更已經歷三次大低潮：

- **負債**：二〇〇八年金融海嘯讓我母親跑路，我背了六百多萬的債，但正因為背債，讓我學會了面對任何困難的勇氣。
- **被失業**：二〇一八年經歷人生第一次被失業，這讓我領悟到，你對工作再好，公司也不會一輩子對你好，這讓我開始寫作，讓我的能力有機會被看到。
- **再失業**：二〇一九年，任職連鎖工作室的高階主管，卻面臨了公司倒閉，被迫創業，反而讓自己的收入達到兩倍，開始享受自由的人生。

《心靜致富》的作者拿破崙・希爾（Napoleon Hill）說：「每個磨難背後，都代表著同等或更大福氣的種子。」沒有那些失敗，就沒有今天的我，每一次失敗都在鍛鍊我們的能力，人生如遊戲，每一次的失敗就像遊戲任務，只要通過任務，你就會解鎖新的能力，這是你成長的關鍵。

但是，你可能會想問：「真的很難過，快撐不下去時，該怎麼辦？」

健身教練都知道，訓練之後，肌肉會有微小的肌纖維損傷，可以用有氧訓練、伸展運動幫助身體消除疲勞、排除乳酸，這能讓你的肌肉更強壯。

那如果是心靈的傷痛該怎麼恢復呢？方法無限，看你選哪一種，我很喜歡冥想、寫作、聽鋼琴音樂，還有打拳擊，這都能療癒我的心傷。

你要相信，現在的挫折，只會成就更強大的你。

成為最強教練的重點5：找到自己的使命

如果你的強大決定你的自由，那麼，你的使命就讓你有更強大的理由。

我曾經有幸去澳洲參加了 FILEX 體適能大會，在那裡聽了好多講師分享健身教練的生涯規劃，教導教練如何用更少的時間賺更多錢，讓自己能過上財富自由的生活。為了參加這體適能大會，花了我十幾萬，那為什麼會想參加呢？因為我對教練工作的未來感到迷惘。

三十歲的我，不論怎麼找，都找不到一個方向，找不到一個出路。當時很流行一句話：「世界這麼大，你一定要去走走。」我卻是「世界這麼大，卻只待在健身房。」

在大會上，我只選一項專業課程，其他都選商業類型的課程，像如何續約、如何經營自己的健身房、如何行銷自己。那是我第一次體驗到，經營健身房是一門專業，更是一門學問，更沒想到原來分享這些也能成為講師。

這在我心裡種下了一顆種子。我的夢想很大，大到我不敢說，但我知道：「我要成為健身教練職涯講師，讓後進的教練知道，教練這一條路該怎麼走，才不會迷惘。」

這也是我寫這本書的初衷——讓所有想當健身教練的人都有一個努力的方向。你呢？你的使命是什麼呢？一個強大的使命，能夠聚集更多夥伴，一起為了相同的使命而奮鬥。你找到你的使命了沒？

你與查德，也許還有別的緣分？

這五大重點，是我花了十二年才慢慢領悟出來的，也許你看完之後，當下還沒有方向，沒有關係，你可以先合起書本，靜下心來寫一份讀後感，慢慢的你就會有些體悟，再看第二次時，肯定會有更多意想不到的啟發。

如果你想為本書寫讀書心得發佈在社群媒體，歡迎在社群媒體標記我後，私訊或寫電子信件給我，我會送你一份價值三千元的「私人教練生涯規劃」學習懶人包。

期待你的訊息！

你可以這樣聯絡查德

查德的 IG ID：chenchadwarrior

查德的 Email：warrior.chadchen@gmail.com

臉書粉絲團：健身查德

謝謝你購買這本書，讓我們有機會相遇，期待有緣再相會。

想了解更多查德的資訊，可以掃以下 QR CODE：

CHENCHADWARRIOR

查德官方網站

查德的粉絲團

查德相關培訓課程

教練個人品牌攻略

私人教練銷售攻略

TFBT拳擊培訓

國家圖書館出版品預行編目資料

最強健身教練養成聖經 / 健身查德作. -- 初版. -- 臺北市：商周出版
：英屬蓋曼群島商家庭傳媒股份有限公司城邦分公司發行, 2022.05
面； 公分
ISBN 978-626-318-283-7(平裝)
1. 職場成功法 2. 教練
494.35 111006073

最強健身教練養成聖經

作　　者／健身查德
責任編輯／黃筠婷

版　　權／江欣瑜、林易萱、黃淑敏
行銷業務／林秀津、黃崇華、周佑潔
總 編 輯／程鳳儀
總 經 理／彭之琬
事業群總經理／黃淑貞
發 行 人／何飛鵬

法律顧問／元禾法律事務所 王子文律師
出　　版／商周出版
台北市中山區民生東路二段141號4樓
電話：(02) 2500-7008 傳真：(02) 2500-7759
E-mail：bwp.service@cite.com.tw
Blog：http://bwp25007008.pixnet.net/blog
發　　行／英屬蓋曼群島商家庭傳媒股份有限公司城邦分公司
台北市中山區民生東路二段141號2樓
書虫客服服務專線：(02)2500-7718・(02)2500-7719
24小時傳真服務：(02)2500-1990・(02)2500-1991
服務時間：週一至週五09:30-12:00・13:30-17:00
郵撥帳號：19863813 戶名：書虫股份有限公司
讀者服務信箱E-mail：service@readingclub.com.tw
歡迎光臨城邦讀書花園 網址：www.cite.com.tw
香港發行所／城邦（香港）出版集團有限公司
香港灣仔駱克道193號東超商業中心1樓
Email：hkcite@biznetvigator.com
電話：(852)2508-6231 傳真：(852)2578-9337
馬新發行所／城邦(馬新)出版集團 【Cite (M) Sdn. Bhd.】
41, Jalan Radin Anum, Bandar Baru Sri Petaling,
57000 Kuala Lumpur, Malaysia
電話：(603)90578822 傳真：(603)90576622
Email：cite@cite.com.my

封面設計／徐璽工作室
電腦排版／唯翔工作室
印　　刷／韋懋印刷事業有限公司
總 經 銷／聯合發行股份有限公司 電話：(02)2917-8022 傳真：(02)2911-0053
地址：新北市231新店區寶橋路235巷6弄6號2樓

■ 2022年05月
■ 2023年11月初版2刷
Printed in Taiwan

定價／499元

ISBN 978-626-318-283-7

城邦讀書花園
www.cite.com.tw

商周出版

廣　告　回　函
北區郵政管理登記證
北臺字第10158號
郵資已付，免貼郵票

10480　台北市民生東路二段141號9樓

英屬蓋曼群島商家庭傳媒股份有限公司城邦分公司　收

請沿虛線對摺，謝謝！

商周出版

書號：BH6094　　書名：最強健身教練養成聖經

請於此處用膠水黏貼

商周出版

讀者回函卡

線上版回函卡

感謝您購買我們出版的書籍！請費心填寫此回函卡，我們將不定期寄上城邦集團最新的出版訊息。

姓名：＿＿＿＿＿＿＿＿＿＿＿＿＿＿＿ 性別：□男 □女

生日：西元＿＿＿＿＿＿年＿＿＿＿＿＿月＿＿＿＿＿＿日

地址：＿＿＿＿＿＿＿＿＿＿＿＿＿＿＿＿＿＿＿＿

聯絡電話：＿＿＿＿＿＿＿＿＿＿ 傳真：＿＿＿＿＿＿＿＿＿＿

E-mail ：

學歷：□ 1. 小學 □ 2. 國中 □ 3. 高中 □ 4. 大學 □ 5. 研究所以上

職業：□ 1. 學生 □ 2. 軍公教 □ 3. 服務 □ 4. 金融 □ 5. 製造 □ 6. 資訊

□ 7. 傳播 □ 8. 自由業 □ 9. 農漁牧 □ 10. 家管 □ 11. 退休

□ 12. 其他＿＿＿＿＿＿＿＿＿＿＿＿＿＿＿＿

您從何種方式得知本書消息？

□ 1. 書店 □ 2. 網路 □ 3. 報紙 □ 4. 雜誌 □ 5. 廣播 □ 6. 電視

□ 7. 親友推薦 □ 8. 其他＿＿＿＿＿＿＿＿＿＿＿＿

您通常以何種方式購書？

□ 1. 書店 □ 2. 網路 □ 3. 傳真訂購 □ 4. 郵局劃撥 □ 5. 其他＿＿＿＿

您喜歡閱讀那些類別的書籍？

□ 1. 財經商業 □ 2. 自然科學 □ 3. 歷史 □ 4. 法律 □ 5. 文學

□ 6. 休閒旅遊 □ 7. 小說 □ 8. 人物傳記 □ 9. 生活、勵志 □ 10. 其他

對我們的建議：＿＿＿＿＿＿＿＿＿＿＿＿＿＿＿＿＿＿＿＿

＿＿＿＿＿＿＿＿＿＿＿＿＿＿＿＿＿＿＿＿

＿＿＿＿＿＿＿＿＿＿＿＿＿＿＿＿＿＿＿＿

請於此處用膠水黏貼